湮没的时尚

时世妆，时世妆，出自城中传四方。
时世流行无远近，腮不施朱面无粉。
乌膏注唇唇似泥，双眉画作八字低。
妍媸黑白失本态，妆成近似含悲啼。
圆鬟无鬓椎髻样，斜红不晕赭面状。
昔闻被发伊川中，辛有见之知有戎。
元和妆梳君记取，髻椎面赭非华风。

——白居易《时世妆》

湮没的时尚

花想容

暮烟深处◎著

人民文学出版社

图书在版编目（CIP）数据

湮没的时尚·花想容／暮烟深处著．—北京：人民文学出版社，2015

ISBN 978-7-02-011484-9

Ⅰ．①湮… Ⅱ．①暮… Ⅲ．①化妆—历史—中国—古代 Ⅳ．①TS974.1-092

中国版本图书馆CIP数据核字（2016）第057294号

责任编辑 胡文骏
装帧设计 刘 静
版式设计 马诗音
责任印制 苏文强

出版发行 人民文学出版社
社　　址 北京市朝内大街166号
邮政编码 100705
网　　址 http://www. rw-cn. com

印　　刷 北京千鹤印刷有限公司
经　　销 全国新华书店等

字　　数 164千字
开　　本 890毫米×1290毫米 1/32
印　　张 9.125 插页3
印　　数 1—8000
版　　次 2017年2月北京第1版
印　　次 2017年2月第1次印刷

书　　号 978-7-02-011484-9
定　　价 38.00元

目录

引子

首先看一组算式：

时间＋风尚＝时尚

时间＋风尚＋时间＝过时

时间＋风尚＋时间＋时间＝怀旧

时间＋风尚＋时间＋时间＋时间＋时间＋时间……＝?

什么是时尚？据说，时尚就是在一个特定的时间段内，率先由少数人实验，而后来为社会大众所崇尚和仿效的生活样式。简而言之，时尚就是短时间里一些人所崇尚的生活。它涉及到了生活的各个方面，衣、食、住、行，甚至情感表达与思考方式等。

人类对时尚的追求，有时并非是理智的；一件事物成为时尚，有时可能仅仅是缘于一件人们意想不到的小事。而当风行的东西过了“一时”，就会被称为过时、落伍、老土、out……

据说时尚又是轮回的，于是又有怀旧、复古、模仿、向前辈致敬……

但若是隔了几百乃至上千年呢？是历史？是文化？还是说不清道不明，让人无端惆怅的一缕情思？

时世妆，时世妆

时世妆，时世妆，出自城中传四方。
时世流行无远近，腮不施朱面无粉。
乌膏注唇唇似泥，双眉画作八字低。
妍媸黑白失本态，妆成近似含悲啼。
圆鬟无鬓椎髻样，斜红不晕赭面状。
昔闻被发伊川中，辛有见之知有戎。
元和妆梳君记取，髻椎面赭非华风。

这是唐代白居易所作《时世妆》，他向我们展现了大唐元和（806—821）时期女性最“潮”的妆饰：抛弃了常用的胭脂红粉，只用黑黑的唇膏涂在唇上，再把两眉画作八字形，头发梳成圆鬟椎髻，妆成的最佳效果就是——像悲啼一样！你觉得怪诞？前卫？看不懂？但是，它硬是能“出自城中传四方”，从长安城一直流传到全国各地，一时成为那个年代的风尚。与此同时，传统的弯弯细眉，这时反倒成为受人嘲笑的过气妆扮了，只有在那些被遗忘的角落里，那些多年不能与时尚接轨的女子身上，才能看到——同样出自白居易笔下的《上阳白发人》就说：“小头鞋履窄衣裳，青黛点眉眉细长。外人不见见应笑，天宝（742—756）末年时世妆。”——曾几何时，那也是她们的“时世妆”呢。

当然，白氏所谓“时世妆”，是指时尚妆扮，它不仅包括妆容，还包括服饰、发型等诸多方面。《说文·女部》曰：“妆，饰也。”“妆”

之一字，原本就有梳妆打扮、妆饰、嫁妆等多种含义。而一个中国古代女子与“妆”的关系，几乎是与生俱来的。她的容貌是妆光，她的住处是妆楼，她的眼泪是妆泪，她嫁人时无论娘家陪送多少东西，是金银田庄、家具仆佣或者仅仅是布衣日用，都统称嫁妆或妆奁，甚至她一生的命运也可以看她倚着的是妆台还是灶台……

而在本书中，我们想在历史的卷宗中追寻的“时世妆”，仅仅是指狭义上的“妆”，即妆容、化妆。上帝给了女人一张脸，在漫长的几千年的岁月里，她们都在这张脸上做过怎样的创造？In与Out之间的距离，究竟有多远？由站在时尚之外自命“众人皆浊我独清”的人看来，时尚也许是不可思议乃至不可理喻的，然而无论理解与否，时尚总是在那里，伴随着每一个时代而出现，然后逐渐成为过去，然后湮没成为历史。所谓中国古代女性的“时世妆”，亦如是。

一

首先，让我们顺着专家学者们已经给出的路径，比如周汛、高春明的《中国历代妇女妆饰》，李芽的《中国历代妆饰》等著作，简单地追溯、梳理一下各个朝代中国女性的“时世妆”吧。

从先秦开始说起。

唐代宇文氏曾作有《妆台记》，后收入《香艳丛书》，此文几乎可以看作是一篇微型的中国古代（唐前）女性时妆史，其开篇云：“舜加女人首饰，钗杂以牙玳瑁为之。周文王于髻上加珠翠翘花傅之铅粉，其髻高名曰凤髻，又有云髻步步而摇，故曰步摇……”中国古代女子的化妆，在文献中有明确的记载，应该是从周代才真正开始的。

具体一点说，在中国古代文学中出现的第一个大美女——春秋时卫庄公夫人庄姜——那里，似乎还是丽质天生，找不到化妆的痕迹：“手如柔荑，肤如凝脂。领如蝤蛴，齿如瓠犀，螓首蛾眉。

巧笑倩兮，美目盼兮。”（《诗经·卫风·硕人》）而到战国末期，出现在屈原笔下的美女则不同了：

> 朱唇皓齿，嫭以姱只。……丰肉微骨，调以娱只。……嫮目宜笑，娥眉曼只。容则秀雅，稚朱颜只。……曾颊倚耳，曲眉规只。滂心绰态，姣丽施只。小腰秀颈，若鲜卑只。……粉白黛黑，施芳泽只。……青色直眉，美目媔只。靥辅奇牙，宜笑嘕只。丰肉微骨，体便娟只。（《楚辞·大招》）

从“朱唇皓齿”“娥眉曼只”“粉白黛黑”“施芳泽只”等来看，显然她们已经能够熟练地利用粉黛来点缀自己的美丽了。所谓“天下之佳人，莫若楚国；楚国之丽者，莫若臣里；臣里之美者，莫若臣东家之子。东家之子，增之一分则太长，减之一分则太短；著粉则太白，施朱则太赤。眉如翠羽，肌如白雪，腰如束素，齿如含贝，嫣然一笑，惑阳城，迷下蔡”（宋玉《登徒子好色赋》），看样子，完全天生丽质的美眉还真不多呢，粉黛的运用已是这时大多数美女必修的功课。庄姜、东家之子是人们认可的美女的标准，这个标准包括：皮肤要白而细腻（凝脂、白雪），牙齿要洁白整齐（瓠犀、含贝），眉毛要黑而有型（黛黑、蛾眉、直眉）……当然，还要明眸善睐、朱唇含笑，面无表情的冷美人可不受欢迎哦。为了达到这个标准，妆粉、面脂、唇脂、眉黛等等，一个都不少，在这一时期都已经出现在了女子的脸上。但总体而言，屈原说“粉白黛黑，施芳泽只”，《战国策·赵策》曰“郑国之女，粉白黛黑”，《谷山笔麈》云“古时妇人之饰，率用粉黛，粉以傅面，黛以填额画眉”，“粉白黛黑”四字大致可以概括这一时期的妆容特点。

秦汉时期，天下一统，女子的妆容也在帝国兴盛的壮阔背景下明艳绮丽了起来。所谓“妃嫔媵嫱，王子皇孙，辞楼下殿，辇来于秦。朝歌夜弦，为秦宫人。明星荧荧，开妆镜也；绿云扰扰，梳晓鬟也；渭流涨腻，弃脂水也……”（唐·杜牧《阿房宫赋》），

古代女子非常注重化妆，对于化妆用具也就特别讲究。妆奁，也就是梳妆盒，自然不可忽视。先秦时期，就已经有专门放置梳妆用具的奁盒，多为漆器，制作相当精美。图为汉代彩绘双层九子漆奁。汉初长沙国丞相、第一代轪侯利仓的夫人辛追墓出土。器身外髹黑褐色漆，再在漆表刷一层极薄的金粉，其中又加入少量的银粉，后用油彩在器表绘出黄、白、红三色云气纹，璀璨耀眼，十分华丽。漆奁分为上下两层，上层隔板上放有手套、絮巾、组带、绣花镜套等；下层的设计更是巧夺天工，在厚度为五厘米的底板上凿有九个不同形状的凹槽，每个凹槽内分别嵌有九个形状不同、大小有序的小漆奁。其中椭圆形两件、圆形四件、长方形两件、马蹄形一件。这样可以分类放置梳妆用品，大大方便了使用。小奁盒内放有香料、丝绵、粉扑、笫、镊、笄、胭脂、针衣、假发等梳妆用具。同时还出土了一面铜镜。《说文》曰：“奁，镜匣也。”最早的奁，就是盛放铜镜的（参见湖南博物馆介绍）。化妆盒在唐代还有一个名字叫“脂盝”。《新唐书·李德裕传》：“敬宗立，侈用无度，诏浙西上脂盝妆具。”

马王堆一号墓出土的龙纹铜镜可能是辛追生前所用，长沙的战国楚墓中出土过不少风格相同的龙纹铜镜。西汉以后铜镜常被用作男女爱情的信物，取“心心相映”之寓意。

相传秦始皇宫中女子倾倒的洗脸水，穿过了重重宫墙，一直流入浩浩汤汤的渭河，河面上犹有厚厚的脂粉颜色。这还不算呢，据说这些残脂剩粉之水形成的腻泥，竟能被后人做成了砚台。清代女诗人汪端曾做有《秦沟粉黛砖砚歌》一诗，其序曰：“泾邑某氏藏古砚，澄泥也。红白青翠，斑剥错落若珠玑，上有建业文房印。余忠宣铭注以为秦阿房宫沟宫人倾粉泽脂水所成，洵异物也。纪之以诗。”其诗云：“南唐砚山不可见，人间犹剩南唐砚。香姜铜雀久销沉，幻出秦宫云一片。六国蛾眉竞晓妆，歌台舞殿起阿房。星荧明镜骊山远，涨腻凝脂渭水香。四围错落珠玑细，粉晕斑斑黛痕翠。临波想见卷衣人，玉姜艳逸文馨丽……”想来用这砚台研出的墨，浓浓墨香之中，应该还有几分脂粉余芳吧。

“秦始皇宫中，悉红妆翠眉，此妆之始也。”（宋·高承《事物纪原》）现代的研究者大多并不认同这种说法，但主要是就“妆之始”而言，而以“红妆翠眉”来代表秦时彩妆的兴起，却不无道理。秦汉时期的面妆，由于制作胭脂的主要原料——红蓝花——从匈奴传入内陆，胭脂逐渐成为女子妆容中不可或缺的部分。由此，各式各样的“红妆”开始真正盛行起来，并一直延续了千年，其间虽有各式各样的别样妆容热闹一时，深深浅浅的“红妆”却是中国古代女子妆容的主流。

秦汉时期的妆容中，有一个颇为有名的“慵来妆”，出自汉成帝刘骜（前51—前7）之妃，鼎鼎大名的赵飞燕之妹赵合德。若论名气，合德远不如其姐；但若论在世时所受的帝王宠爱，怕是飞燕尚逊合德三分。赵家姐妹原本是阳阿公主家歌伎，成帝微服出行至公主家，“见飞燕而悦之”，也是一见钟情了，遂“召入宫，大幸。有女弟复召入，俱为婕妤，贵倾后宫”，姐妹二人得尽成帝之宠，后来飞燕还被晋为皇后，合德则为昭仪（《汉书》）。据说要得到男人的心，最下乘的方法是千依百顺，较上乘的方法是若即若离，最上乘的方法就是求而不得。合德可以说深谙其道。成帝召她入宫，她却说“非贵人姊召不敢行，愿斩首以报宫中”，直到有了姐姐的旨意才入宫。入宫后，“帝大悦，以辅属体，无所不靡，谓为温柔乡。谓嫕曰：‘吾老是乡矣，不能效武皇帝求白云乡也。'”从此“温柔乡”成为美色迷人之境的代名词。然而成帝虽好色，其实却往往心有余而力不足，“阴缓弱不能壮发”，男人的痛苦啊，只有“每持昭仪足，不胜至欲，辄暴起”，也就是只有握着合德的玉足才兴致大发，可惜的是，“昭仪常转侧，帝不能长持其足”。有人便来提醒合德，“宁转侧俾帝就邪？”您能不能别这么辗转反侧，好好让皇帝陛下捧着您的脚丫子呢？昭仪曰：“幸转侧不就，尚能留帝欲，亦如姊教帝持，则厌去矣，安能复动乎？”(伶玄《赵飞燕外传》)呵呵，真是个聪明的女人哪！其实，早在入宫时她的妆容里，就映衬着这个女人的深沉心机和她对男人的了解：“合德新沐，膏九曲沉水香。为卷发，号新髻；为薄眉，号远山眉；施小朱，号慵来妆。”发髻蓬松，薄画双眉，浅施朱粉，淡淡的妆容似乎是在表明着她的“慵来”，她的懒散、漫不经心、无意争宠；然而新沐和九曲沉水香的精心使用，却透露出了她对于帝王宠幸的期待。而结果自然也不出她的掌控，真是“轻梳小髻号慵来，巧中君心不用媒”了（宋·计有功《唐诗纪事·罗虬》）。

如果说合德的妆容还是小说家言，有许多虚构的成分，那么另一个汉代“时尚大咖”孙寿的故事可就是出自正史了，她引领了一代“啼妆”风尚：

桓帝元嘉中，京都妇女作愁眉、啼妆、堕马髻、折要（腰）步、龋齿笑。所谓愁眉者，细而曲折；啼妆者，薄拭目下，若啼处；堕马髻者，作一边；折要（腰）步者，足不在体下；龋齿笑者，若齿痛，乐不欣欣。始自大将军梁冀家所为，京都歙然，诸夏皆仿效。此近服妖也。（《后汉书·五行志一》）

这里所说的“梁冀家”，就是指梁冀的妻子孙寿。梁冀（？—159），字伯卓，安定（今甘肃泾川）人，是东汉时期出身世家大族、权倾朝野的大将军，当时的小皇帝汉质帝实在看不下去他的骄横，就在一次会见群臣的时候，看着梁冀说：“此跋扈将军也。”梁冀听见了当然不乐意，不就是个傀儡皇帝吗，“遂令左右进鸩加煮饼”，小皇帝遂一命呜呼。梁大将军再立一个桓帝，继续自己专擅朝政、结党营私、作威作福的快乐生活。可这样一个嚣张到连皇帝的生死都玩弄于掌上的男人，也有令他又宠又怕的人，那就是他那看似柔柔弱弱的太太孙寿了。“寿色美而善为妖态，作愁眉、啼妆、堕马髻、折腰步、龋齿笑，以为媚惑。”眉毛描得细而曲折似蹙非蹙，眼下画一抹微红如同泪痕，发髻偏垂，细步纤纤，即使是笑里也宛若带着那么一丝疼痛忧愁。很眼熟很惹人怜爱的造型吧，是不是想起了病西施或林妹妹？但是，刻意妆就的小白花外表下面，孙寿却是一个地道的、彪悍的、无敌的御姐！他做大将军，她似长公主，“（寿）以冀恩封襄城君，兼食阳翟租，岁入五千万。加赐赤绂，比长公主”；他建豪宅，她便跟他做邻居，“冀乃大起第舍，而寿亦对街为宅，殚极土木，互相夸竞”；他大力发展梁氏势力，她就把孙氏的子弟遍布在侍中、卿、校尉、郡守等工作岗位上；他与汉顺帝妃子、美女友通期闹绯闻，她就派人抓住友通期，扯头发抓脸打板子，还要将这个桃色事件闹上朝廷，他只好到丈母娘面前哭诉求和，而她自己却与人私通，给他戴起绿头巾来肆无忌惮……当然，这对奇异的夫妻最后的下场也可想而知，“梁冀二世上将，婚媾王室，大作威福，将危社稷。天诫若曰：兵马将往收捕，妇女忧愁，踧眉啼泣，吏卒掣顿，折其要（腰）脊，令髻倾邪，虽强语笑，无复气味也。到延熹二年，举宗诛夷。”（《后汉书·五行志一》）由她引领的“啼妆”风潮也很快随之烟消云散了。

但是，也许楚楚可怜的女人总是更容易赢得大男人的倾心？所以东施要去“效颦”，所以“啼妆”并没有被女人们完全遗弃。唐朝之时，“妆成近似含悲啼”的“泪妆”，又一次出现在女人的脸上。而且，影响力有增无减。那是后话。

所谓天下之势，分久必合，合久必分。秦汉一统四百余年之后，中国的历史重新进入了诸雄逐鹿的时代——魏晋南北朝。乱世之中向来不乏几位绝代佳人为历史增添几分绯色，这一时期千奇百怪的女子妆容便是这样涂抹在战争的风云、朝代的更迭之中，如斜红妆、紫妆、寿阳妆、额黄妆、佛妆、黄眉墨妆、徐妃半面妆等等，充分显示着女人无穷无尽的想象力和艺术创造力。

斜红妆和紫妆均出自魏文帝的后宫。晋崔豹《古今注》卷下载：“魏文帝宫人绝所爱者，有莫琼树、薛夜来、田尚衣、段巧笑四人，日夕在侧。”魏文帝，即曹丕（187—226），他与弟弟曹植争权，令弟七步成诗，如不成即杀之，曹植愤而作诗“煮豆燃豆萁，豆在釜中泣。本是同根生，相煎何太急！”这就是大家熟知的“七步诗”的典故了。曹植尝作《洛神赋》，后人传说是记他与嫂嫂甄氏的情感，千载之下犹令人唏嘘感慨，的是风流才子。与曹植相比，曹丕的韵事就没那么广为人知了。其实，曹丕的感情世界也并不寂寞呢。

先说薛夜来吧，她原名薛灵芸，姿容过人，而且“妙于针工，虽处于深帷重幄之内，不用灯烛之光，裁制立成。非夜来所缝制，帝则不服。宫中号曰‘针神’”（《拾遗记》卷七）。这样秀外慧中的女子，自然深得文帝宠爱，也就成为宫中女子处处摹仿的对象。“一夕，文帝在灯下咏，以水晶七尺屏风障之。夜来至，不觉面触屏上，伤处如晓霞将散，自是宫人俱用胭脂仿画，名晓霞妆。”（张泌《妆楼记》）她无心的碰伤，在完美无缺的脸上留下了伤痕，本来是一件憾事，想不到居然引起了宫中一种妆容的流行，大家纷纷在脸上——一般是在太阳穴的部位，用胭脂画上两道红痕，并美称为“晓霞妆”。后来，这种妆容逐渐演化成了“斜红妆”。

有薛夜来在前，要想博得帝王宠爱，在妆容上仅靠跟风当然是不行的，而后宫之中，从来不缺少善于另辟蹊径的女子。“琼树乃制蝉鬓，缥缈如蝉，故曰蝉鬓。巧笑始以锦缘丝覆，作紫粉拂面。尚衣能歌舞，夜来善为衣裳，一时冠绝。”（《古今注·杂注》）

真是春兰秋菊各擅胜场，曹丕身边这几个美丽的女子，尚衣以才艺取胜，琼树专长在美发，而巧笑则发明了“紫妆”，即以紫色的粉拂面。这种紫粉拂在面上，其效果应该是非常自然的白里透红的。犹记得二十世纪末，某品牌的化妆品曾推出了两种不同色系的粉底液，其中紫色的乳液用于黄色皮肤，绿色的乳液用于有些泛红的皮肤，用后都有使皮肤美白的功效，一时吸引了许多爱美女性。想不到原来早在一千八百年前，中国的女性已经会利用色彩学调整自己的肤色了，这应该是由实践得出的真知吧。

无独有偶，在魏国对岸的吴国，也有这样一个因伤痕而演化成妆容的宫廷轶事：

> 孙和悦邓夫人，常置膝上。和于月下舞水精如意，误伤夫人颊，血流污裤，娇姹弥苦。自舐其疮，命太医合药。医曰：“得白獭髓，杂玉与琥珀屑，当灭此痕。”即购致百金，能得白獭髓者，厚赏之。有富春渔人云：“此物知人欲取，则逃入石穴。伺其祭鱼之时，獭有斗死者，穴中应有枯骨，虽无髓，其骨可合玉舂为粉，喷于疮上，其痕则灭。”和乃命合此膏，琥珀太多，及瘥，而有赤点如朱，逼而视之，更益其妍。诸嬖人欲要宠，皆以丹脂点颊而后进幸。妖惑相动，遂成淫俗。（《拾遗记》卷八）

孙和（224—253）是孙权的第三子，曾被立为太子，却不幸被废，后来又英年早逝。还好他的儿子孙皓比较争气，即得大位后追谥他为文皇帝。这个孙和非常宠爱一位邓夫人，一次孙和在月下起舞，手中的水晶如意却不小心将美人的脸划伤了，太医提供了一个神奇的药方，没想到配料又出了差错，邓夫人的脸伤虽愈，却留下了红色疤点。不过美女就是美女，所谓“披着麻袋上街也能美得所向披靡”，这斑点不但没让她毁容，反而使她白嫩的面孔显得更加娇妍。于是可想而知，时尚跟风者又蜂拥而至了，丹脂点颊妆遂成为女性新宠。

寿阳妆，相传始自南朝宋武帝之女寿阳公主（383—444），她曾于“人日（旧俗以农历正月初七为人日）卧于含章殿檐下，梅花落公主额上，成五出花，拂之不去。皇后留之，看得几时，经三日，洗之乃落。宫女奇其异，竟效之，今梅花妆是也。”（宋·李昉等《太平御览·时序部·十五·人日》）这个梅花，可以胭脂画成，也可以花钿贴成。

现代中国女性崇尚美白，将大笔银子花在“扫黄打黑”上，涂防晒霜、抹精华素、贴面膜、服维 C、打美白针、照光子镭射，真个是十八般武器，全挂子上阵。而六朝的时尚中却有以黄、黑为美之时！额黄，又被称为“鹅黄”“鸦黄”，是以黄色颜料染画于额间而得名。明张萱《疑耀》曾说：“额上涂黄，亦汉宫妆。”这种妆容最早或许可以追溯到汉代，但真正流行起来却是在六朝时期。此风与这一时期佛教在中国的广泛传播或许不无关系。“南朝四百八十寺，多少楼台烟雨中”，当时佛教在中国进入盛期，全国上下大兴寺院。梵乐声声中，佛前盈盈下拜的女子们一面参悟着“色即是空”，一面却从涂金的佛像中得到了化妆的灵感……她们也将自己的额头染成黄色，称为“额黄妆”；后来索性将整个面部都涂黄，谓之“佛妆”。这种妆容一直延续到了宋辽时期。宋叶隆礼《契丹国志》辑有张舜民《使北记》，其中便有云：“北妇以黄物涂面如金，谓之佛妆。”

黄色的妆容已经够独特了吧，这一时期居然还有一种墨妆，顾名思义，即黑色的妆容。《隋书 · 五行志上 · 服妖》载：“后周大象元年（579），服冕二十有四旒，车服旗鼓，皆以二十四为节。侍卫之官，服五色，杂以红紫。令天下车以大木为轮，不施辐。朝士不得佩绶，妇人墨妆黄眉。”宇文氏《妆台记》也说：“后周静帝，令宫人黄眉墨妆。”原来这黑黑的墨妆还必须与黄色的眉搭配起来描画，而且，据张萱《疑耀》卷三所载：“后周静帝时，禁天下妇人不得用粉黛，令宫人皆黄眉黑妆。黑妆即黛，今妇人以杉木灰研末抹额，即其制也。”看来这个黑色仅是抹在额头，倒不是让天下女子个个成为来自非洲原始部落的模样。这个北周静帝宇文阐（573—581），579 年即位，当时年仅六岁，由他的外祖父隋国公、丞相杨坚辅政。辅政的结果便是大象三年（581）宇文阐禅帝位于杨坚，北周灭，隋朝建立。同年宇文阐就去世了，年方八岁——祖孙又如何，父子兄弟夫妻，帝王的座位总是最美味的毒，令人沉迷其中而欲罢不能——静皇帝是他的谥号。这种黄眉墨妆的诏令如果真是出自静帝，倒像是一个淘气男孩的恶作剧；如果出自此时尚在幕后的杨坚，只能说怪诞和他的审美恶趣味了。不过，考虑到杨坚背后还有一位有名的河东狮，这种妆容之下也许还有我们不知道的故事呢。杨坚的妻子独孤伽罗（543—602），在历史上除了以政事通达明智知名外，更令好八卦者津津乐道的是她的“妒”——她生活在一个茶壶可以合法地配备N个茶杯的时代，居然要求男人感情专一，是一位坚定的一夫一妻制捍卫者。她十四岁嫁给杨坚时，就要他保证此生不纳妾，而杨坚的七个子女也确实均为独孤皇后所生。即使杨坚称帝后，她也是不许他纳妃，《隋书·列传第一》里说她“性尤妒忌，后宫莫敢进御。尉迟迥女孙有美色，先在宫中，上于仁寿宫见而悦之，因此得幸。后伺上听朝，阴杀之。”“上由是大怒，单骑从苑中而出，不由径路，入山谷间二十余里。高颎、杨素等追及上，扣马苦谏。上太息曰：‘吾贵为天子，而不得自由！’”不知道这种奇异的妆容政令是否出自她之手呢？只是这种妆容到明代仍有余响，只能令人拍案称奇了。

“休夸此地分天下，只得徐妃半面妆”（唐·李商隐《南朝》），这个“徐妃半面妆”实际上并非当时流行的妆容，只是此时一桩颇有意味的妆容轶事，堪可一提。据《南史·梁元帝徐妃传》，徐妃“以帝眇一目，每知帝将至，必为半面妆以俟，帝见则大怒而出”。梁元帝萧绎（508—554），自号金楼子，梁武帝萧衍第七子，“四萧”（梁武帝萧衍与三个儿子萧统、萧纲、萧绎）之一。他聪颖好学，博览群书，下笔成章，文学创作和学术著作等身，擅长书法绘画，精通音乐、中医、玄学、围棋、相马……人生前四十几年里，他就这样一日一日浸润在种种传统文化中，这似乎就是他的一生了，如果没有那一场“侯景之乱”。以平乱为名，他走到了政治的前台，登极为帝。在首尾相加也不过三年的皇帝生涯中，他杀了弟弟萧慥、侄子萧誉、侄孙萧栋……充分表现出一个帝王的冷酷残忍。而徐妃并非一个普通的妃子，他做湘东王时，她就是湘东王妃，郎才女貌更拥半壁江山，她和他却从来就不是恩爱夫妻。尽管她为他生了世子和公主，两个人却是“相看两生厌”。按照史书的记载，她“不见礼帝，三二年一入房”，而在这两三年才有一次的会面中，她还要别出心裁地画个“半面妆”，即只将一半脸画上妆容，因为在她看来，自幼因病“眇一目”，即一只眼睛瞎了的他，不需要也不配看她完整的妆容。这种对一个人残疾的赤裸裸的嘲讽，即使是普通人也无法承受，何况是一国之君，结果自然便是皇帝大怒，拂袖而去。这还不算，她仿佛铁了心要去挑战他容忍的极限，每每将自己灌得大醉，他回房时必定被她吐得满身污物；她还与智远道人、季江、贺徽等人私通，季江所叹“徐娘虽老，犹尚多情”后来还成为人尽皆知的典故。她是如此藐视自己的帝王夫君，却又“酷妒忌，见无宠之妾，便交杯接坐；才觉有娠者，即手加刀刃”！终于，太清三年，他逼她自杀，以尸还徐氏，谓之“出妻”，葬于江陵瓦官寺，“帝制《金楼子》述其淫行”……这些记载出自《南史》,然而正史的记载中，那些跟半面妆一起消失了的爱恨情仇故事总显得有点儿不完整，我们不知道两人的恩怨究竟从何而起，不知道她为何要一再挑衅，不知道他为何要一忍再忍，如果没有爱，她何以如此妒忌；如果有爱，她又何必用这种逆反而激烈的方式？千百年后，虽然一支名为《半面妆》的歌曲成为流行:“夜风轻轻吹散烛烟,飞花乱愁肠，共执手的人情已成伤。旧时桃花映红的脸，今日泪偷藏，独坐窗台对镜容颜沧桑。人扶醉月依墙，事难忘谁敢痴狂。把闲言语花房夜久，一个人独自思量……发带雪秋夜已凉，到底是为谁梳个半面妆……”然而，那关于半面妆的故事还有多少人知道呢？

隋建国时间较短，因此时尚方面也没有太多可叙之事。隋文帝家有悍妻，宫中女子不太敢搔首弄姿；隋炀帝倒是以侈靡著称，当皇帝时间又太短，所以《妆台记》云：“隋文宫中梳九真髻，红妆谓之桃花面，插翠翘桃苏搔头，帖五色花子。炀帝令宫人梳迎唐八鬟髻，插翡翠钗子，作日妆;又令梳翻荷鬟，作啼妆;坐愁髻，作红妆。……隋文宫中贴五色花子，则前此已有其制矣，乃仿于宋寿阳公主梅花落面事也。”从妆容来看，大多是承继前朝花样，惟有吴绛仙的眉妆堪可一提，这一点我们将在后文中细说。

泱泱大唐则不同,这是真真正正可以使用“帝国”二字的时代，政治、经济、文化，无论从哪个方面来看，唐朝都彰显着一个文明的鼎盛。从中国历史上独一无二的女皇武则天到太平公主、韦后，再到“遂令天下父母心，不重生男重生女”的杨玉环和她的姐妹，至少从表面看来，这一时期的女性地位到达了前无古人后无来者的高度。这样一个“大女人”的时代里，就妆容来说，富丽雍容是其主流，百花齐放是其色彩，而稀奇古怪就是给今人的感受了。

浓艳的红妆是唐代女人的最爱，许多贵妇甚至将整个面颊包括上眼睑乃至半个耳朵都敷以胭脂，或许只有如此恣肆热烈的色彩才能衬托那磅礴大气辉煌夺目的时代吧，朱门中的女人们是那样放纵着自己对红色的挚爱，以至于有“红汗”之典：“（杨）贵妃每至夏月，常衣轻绡，使侍儿交扇鼓风，犹不解其热。每有汗出，红腻而多香，或拭之于巾帕之上，其色如桃红也。”（《说郛》卷五十二）杨玉环是有名的丰满美人儿，夏天的日子就不太好过。可是即使在这炎炎夏日里，她也没放弃对红粉的热爱，以致拭香汗的帕子也成了桃红色。杨贵妃当然是“回眸一笑百媚生，六宫粉黛无颜色”，不过爱美之心人皆有，唐代诗人王建曾做有《宫词》百首，“多言唐宫禁中事，皆史传小说所不载者”（欧阳修《六一诗话》），其中有“射生宫女宿红妆，把得新弓各自张”“避热不归金殿宿，秋河织女夜妆红”等句，宫女们白日打猎、夜晚乘凉，都不忘红妆，更有一首云：“舞来汗湿罗衣彻，楼上人扶下玉梯。归到院中重洗面，金盆水里拨红泥。”宫女卸妆时的洗脸水竟成“红泥”，可见其妆容之重了。也不只宫中如此，唐李端《胡腾儿》诗“扬眉动目踏花毡，红汗交流珠帽偏”中，流“红汗”的便是一位民间少数民族的舞者。红妆的名目除桃花妆、节晕妆、飞霞妆之外，还有醉妆，又称酒晕妆、晕红妆。化妆方法是先敷白粉，然后在两颊抹上浓重的胭脂，如酒晕然。这种妆容一直流行到五代时期。《新五代史·王衍传》：“后宫皆戴金莲花冠，衣道士服，酒酣免冠，其髻髽然；更施朱粉，号‘醉妆’，国中之人皆效之。”可见其流行。红妆之中，长庆年间（821—824）还流行过一种堪称惊悚的血晕妆：“长庆中，京城妇人首饰，有以金碧珠翠，笄栉步摇，无不具美，谓之‘百不知’。妇人去眉，以丹紫三四横约于目上下，谓之血晕妆。”（《唐语林·补遗二》）

红妆之外，这一时期也有白妆。马缟《中华古今注》载：“梁天监（502—519）中，武帝诏宫人梳回心髻、归真髻，作白妆，青黛眉，有忽郁髻。……又太真（杨贵妃）偏梳朵子，作啼妆。又有愁来髻，又飞髻，又百合髻，作白妆黑眉。”白妆就是不施胭脂，仅以铅粉敷面，一般见于少年寡妇，白居易《江岸梨花》诗有云：“最似孀闺少年妇，白妆素袖碧纱裙。”但是这种妆容素淡雅致，在满目的大红实在令人有些视觉疲劳之时，偶尔的白妆也会有使人耳目一新之感。或许只是杨贵妃某天一时兴起，“作白妆黑眉”，于是“一日新妆抛旧样，六宫争画黑烟眉”（唐·徐凝《宫中曲》），一种新的流行又诞生了。

桃花妆（唐《弈棋仕女图》局部）

上引《中华古今注》还提到了杨贵妃所做啼妆，又称泪妆，即以白粉抹颊或点染眼角，如啼泣之状。五代王仁裕《开元天宝遗事》载："宫中嫔妃辈，施素粉于两颊，相号为泪妆，识者以为不祥，后有禄山之乱。"当年孙寿的啼妆就被视为妖兆，贵妃的啼妆也没能例外。大概中国人总是崇尚喜庆祥和的，如此哭丧之妆总让人觉得有些不吉；再者，中国的大男人固然愿意在楚楚可怜的小女人面前找到身为雄性动物的自信，享受女人的柔情，却往往又在失败失意之时将罪责归咎于女人，"女色祸国"论就是这样产生的。所以，将女性妆容视作某种社会变动的先兆也就不稀奇了。

不过，女性妆容确实与社会风气有密切的联系，本文开篇引用了白居易描述的"元和时世妆"，"髻椎面赭非华风"，唐代胡妆的盛行是妆饰风格的一大特点，而这就与唐王朝胡风盛行有关。陈寅恪《元白诗笺证稿》就对此解释道："白氏此诗谓赭面非华风者，乃吐蕃风气之传播于长安社会者也……此当日追摹时尚之前进分子所以仿效而成此蕃化之时世妆也。"元稹《和李校书新题乐府十二首·法曲》也就说："自从胡骑起烟尘，毛毳腥膻满咸洛。女为胡妇学胡妆，伎进胡音务胡乐。火凤声沉多咽绝，春莺啭罢长萧索。胡音胡骑与胡妆，五十年来竞纷泊。"唐代女子生活在这种"胡风"文化的氛围中，豪爽刚健，女性意识的彰显也正如她们面上艳丽的妆容。"愿妻娘子相离之后，重梳蝉鬓，美裙娥眉，巧逞窈窕之姿，选聘高官之士。解怨释结，更莫相憎。一别两宽，各生欢喜。”(《敦煌资料》)——这是一份唐代离婚协议书（时称“放妻书”）里的文字，前夫祝福前妻穿得漂漂亮亮，再化个美美的妆，重新觅得一份自己的幸福。很唐朝，也很现代吧？

宋时风气为之一变，唐代的体态丰满、高大健硕的美女渐渐退出，那些翩翩出现在宋代词人笔下的，多是清癯纤细、慵懒娇柔的女子。比如秦观（1049—1100）《满江红》“绝尘标致，倾城颜色，翠绾垂螺双髻小，柳柔花媚娇无力”，《生查子》“远山眉黛长，细柳腰肢袅。妆罢立春风，一笑千金少”。《古今事文类聚》载：“东坡尝饮一豪士家，出侍姬十余人，皆有姿伎。其间有一善歌舞者，名媚儿，容质虽丽而躯干甚伟，豪特所宠爱，命乞诗于公。公戏为四句云：‘舞袖蹁跹，影摇千尺龙蛇动。歌喉宛转，声撼半天风雨寒。’妓赧然不悦而去。”影摇千尺龙蛇动，声撼半天风雨寒“本是宋石延年《古松》诗中两句，却被苏公拿来形容女子，难怪她要不高兴。而与袅袅婷婷的身材更协调的，当然不能是太过俗艳的妆容了。柳永《两同心》里的美女就是“嫩脸修蛾，淡匀轻扫。最爱学，宫体梳妆，偏能做，文人谈笑”，这一时期女子的脸上一反唐代的鲜丽，而代之以浅淡素雅的薄妆，也称“淡妆”“素妆”，即“玉人好把新妆样，淡画眉儿浅注唇”（宋·辛弃疾《鹧鸪天》），其中比较多的是檀晕妆，这种浅浅的粉色妆容其实唐代的女子已经偶尔为之，徐凝《宫中曲》诗就有这样一位女子："披香侍宴插山花，厌着龙绡着越纱。恃赖倾城人不及，檀妆唯约数条霞。"这种妆容，据专家考证，是先将铅粉与胭脂调合在一起，使之成为檀粉，苏轼《次韵杨公济奉议梅花》中写梅花"鲛绡剪碎玉簪轻，檀晕妆成雪月明"，檀粉色泽就与浅红色的梅花相仿，然后将檀粉涂抹于面颊，色彩柔和均匀，也可以先上一层铅粉，再抹檀粉，面颊中部微红，逐渐向四周晕染开，愈加雅致。

宋代传奇女子，名妓李师师，正是以这种淡妆风韵征服了无数的裙下之臣，其中包括一朝天子宋徽宗赵佶，文人雅士如张先、晏几道、周邦彦、秦观，绿林好汉如宋江、燕青……晏几道曾作《生查子》词写她的容色："远山眉黛长，细柳腰肢袅。妆罢立春风，一笑千金少。　　归去凤城时，说与青楼道：遍看颍川花，不似师师好。"另一个著名词人周邦彦（1056—1121）则在《玉团儿》

宋人《妃子浴儿图》（局部）中檀晕妆女子

里这样记录与她的初次相见："铅华淡伫新妆束，好风韵，天然异俗。彼此知名，虽然初见，情分先熟。"（宋·无名氏《大宋宣和遗事》）后来的小说中对这一点更是大加渲染：

> 又良久，见姥拥一姬，姗姗而来。不施脂粉，衣绢素，无艳服。新浴方罢，娇艳如出水芙蓉。……帝于灯下凝睇物色之，幽姿逸韵，闪烁惊眸。……三月，帝复微行如陇西氏。师师仍淡妆素服，俯伏门阶迎驾。……帝尝于宫中集宫眷等宴坐，韦妃私问曰："何物李家儿，陛下悦之如此？"帝曰："无他，但令尔等百人，改艳妆，服玄素，令此娃杂处其中，迥然自别。其一种幽姿逸韵，要在色容之外耳。"（《李师师外传》）

看来，李师师确是一直以淡妆示人的，而也只有淡妆，才能衬出她的"幽姿逸韵"，将她与一般的庸脂俗粉区别开来。

但是，淡妆的流行并不意味着宋朝女子不在脸上玩点别的花样，据说时尚就是偶然加上想象力嘛，女人们的艺术创造力总要有所体现，面饰就被她们发展到了前所未有的高度。早在五代时花钿就被越来越多地贴于脸上，《中华古今注》言后周时"诏宫人贴五色云母花子，作碎妆以侍宴"，后蜀欧阳炯《女冠子》词则云："薄妆桃脸，满面纵横花靥。"宋朝女子对花钿和面靥的喜爱比之五代更是有增无减。南薰殿所藏历代帝后图像中，有宋代皇后像十二种，这些皇后的标准像，面部化妆都非常浅淡，但大多数皇后在额头、眉脚和两颊，都贴有珍珠花钿。

此时，与宋并立的辽契丹女子的脸上，化的却是前文中提到的“佛妆”。北方冬季寒冷，她们便将一种栝楼（亦称瓜蒌）制成的黄色粉末涂抹在颊上，长期不洗，“至春煖方涤去，久不为风日所侵，故洁白如玉也。”(《佩文斋广群芳谱》)既可以保护皮肤，又是一种独特的妆容。朱彧《萍洲可谈》卷二载：“先公言使北时，见北使耶律家车马来迓，毡车中有妇人，面涂深黄，红眉黑吻，谓之佛妆。”与面色深黄相搭配的，是红色的眉和黑色的唇，这种妆容便是现在看来也够得上“颠覆”了，更何况喜欢淡妆的宋人呢？当时的诗人彭汝砺就曾作诗说：“有女夭夭称细娘，珍珠络臂面涂黄。南人见怪疑为瘴，墨吏矜夸是佛妆。”古代认为南部、西南部地区有山林间湿热蒸发来的致病之气，称为瘴气，因瘴气而生的疾病则为瘴疠，后来也泛指恶性疟疾等病，大约得病的人面色总是有些枯黄的，所以北地女子精心描画的妆容竟被南方来客当成了病容，这也是她们没想到的吧。

时至明代，素淡简约逐渐成为妆容主流，此风当然也是自上而下的。南薰殿藏明代皇后像皆为淡妆，大致代表了这个朝代的审美标准。明代后宫开支巨大，仅“脂粉钱”就“岁至四十万两”(《国朝宫史》)，明思宗朱由检（1610—1644），就是最后悲惨到要在万寿山上上吊而亡的崇祯帝，曾经嘲笑那些厚施脂粉的宫女为“混似庙中鬼脸”，“滴粉搓酥尽月娥，花球斜插鬓边螺。天颜

明太祖马皇后像（1327—1382）

最喜颜如玉，笑煞人间鬼脸多。”（《崇祯宫词》）浓妆自然不再时兴了，可宫中的女人们在脂粉上并未苛待自己，《崇祯宫词注》载：“皇后颜如玉，不事涂泽，田贵妃亦然。……后喜茉莉，坤宁宫有六十余株，花极繁。每晨摘花簇成球，缀于鬒髻。……宫中收紫茉莉，实研细蒸熟，名‘珍珠粉’。取白鹤花蕊，剪去其蒂，实以民间所用粉，蒸熟，名‘玉簪粉’。此懿安从外传入，宫眷皆用之。”这两种粉均需要在“民间所用粉”的基础上进一步深加工制成，况且能进入宫中的“民用品”本身是什么等级？果然，“裸妆”的效果还真是需要更高明的化妆术和化妆品啊。

明代以才女众多著称，对这些文艺女青年来说，“扫除铅粉留真韵”“腹有诗书气自华”，调脂弄粉可以是她们风花雪月诗意生活的一部分，但她们决不会让脂粉掩盖了自己的高雅气质，比如美慧多才却不幸十七岁早逝的叶小鸾（1616—1632），在同为才女的母亲眼中，她天生丽质，“鬒发素额，修眉玉颊，丹唇皓齿，端鼻媚靥，明眸善睐，秀色可餐，无妖艳之态，无脂粉之气”（沈宜修《季女琼章传》）。叶小鸾曾著有《艳体连珠》，在吟咏了女子的眉、目、唇、手、腰、足和全身之美后说：“故秀色堪餐，非铅华之可饰；愁容益倩，岂粉泽之能妆？”可以代表这一时期才女们的妆容观。

明·唐寅《红叶题诗仕女图》

因此，无论是皇后的标准像，还是这一时期著名画家如唐寅、仇英等人笔下的仕女图，那些薄施脂粉、腰身纤纤、清丽温婉的美人都与唐代艳丽、丰腴、华贵的女子大相径庭了。

与之相对应的是，这一时期“浓妆艳抹”已经明显地具有了贬义，在小说《金瓶梅》中，这个词儿几乎是潘金莲的专用——“（金莲）每日只是浓妆艳抹，穿颜色衣服，打扮娇样，陪伴西门庆做一处，作欢顽耍”，“玉楼在席上看见金莲艳抹浓妆”……对比这时的另一部小说中“吴大郎上下一看，只见（滴珠）不施脂粉，淡雅梳妆，自然内家气象，与那胭花队里的迥别”几句（凌濛初《拍案惊奇》卷二《姚滴珠避羞惹羞　郑月娥将错就错》），显然，潘金莲的妆扮和内家（即良家妇女）是画不上等号的，

清·陈清远《李香君小像》。李香君，明末秦淮名妓，一曲《桃花扇》，便是以她与侯方域的爱情故事为线索谱成。

她看上去更像妓女一些，这其实也是作者有意无意中对她的定位吧。

实际上，即使是真正的妓女，自诩“高端大气上档次”的，这时也不以艳妆为主。清代记述明朝末年南京秦淮妓院及诸名妓轶事的笔记——余怀（1616—1696）的《板桥杂记》中就说：“南曲衣裳妆束，四方取以为式，大约以淡雅朴素为主，不以鲜华绮丽为工也。初破瓜者，谓之梳拢；已成人者，谓之上头。衣饰皆主之者措办。巧样新裁，出于假母，以其余物自取用之。故假母虽高年，亦盛妆艳服，光彩动人。衫之短长，袖之大小，随时变易，见者谓是时世妆也。”所谓“南曲”“北里”者，均为妓院的代名词，而根据唐代孙棨《北里志》所说：“平康里入北门，东回三曲，即诸妓所居之聚也。妓中有铮铮者，多在南曲、中曲；其循墙一曲，卑屑妓所居，颇为二曲轻斥之。”南曲算是比较高档的红灯区了，这里的妓女“淡雅朴素”，反倒是假母，也就是老鸨们，个个“盛妆艳服”，花枝招展。

至清代，满族入关，敕令全国“剃发易服”，“留发不留头，留头不留发”，从没有一个时代像清初一样，竟将衣着发式与人的生命联系在一起，以至于有那么多人为了维护自己的头发，也是为了维护自己的尊严，赔上了性命。

好在这个政策对女人还相对宽松，她们可以保持汉妆。因此，清代女子的妆容仍然延续着明代的淡雅简约之风，这一点从这一时期的仕女图可以看出，不论是宫廷画家焦秉贞、冷枚，还是文人画家改琦、费丹旭，他们画作中的女子都是修颈、削肩、柳腰的身材，长脸、细眉、樱唇的容貌。而且，风行了那么久的面饰也越来越少见，直至完全退出了历史舞台，从她们的梳妆盒里

清·改琦《靓妆倚石图》

消失了。

再说宫廷之中，康熙初年，孝庄皇太后（1613—1688）订立了严格的后宫制度，就化妆而言，包括禁止宫女平日涂脂抹粉，后妃化妆要得体等。孝庄当年也是美女一名，否则也不会有色劝洪承畴、下嫁多尔衮的传说了。可是她青年丧夫，她的丈夫皇太极在世时，更宠爱的是她的姐姐海兰珠；她的儿子福临又因董鄂妃之死伤心欲绝撒手尘寰。所以，对孙子玄烨的培养成了她的希望所在，对于后宫女人妆容的限制也算是未雨绸缪了。

孝庄太后朝服像

清朝另一个同样手握大权、年轻守寡的女人却非常喜欢妆饰，“孝钦后好妆饰，化妆品之香粉，取素粉和珠屑、艳色以和之，曰娇蝶粉，即世之所谓宫粉是也。”（清·徐珂《清稗类钞·服饰》）“孝钦后”便是我们熟知的慈禧太后（1835—1908），她的谥号是“孝钦慈禧端佑康颐昭豫庄诚寿恭钦献崇熙配天兴圣显皇后”，故又称孝钦。据《紫禁城的黄昏——德龄公主回忆录》（又译为《清宫二年记》《紫禁城两年》等）：“太后走到窗下两张长桌前，那儿摆放着琳琅满目的化妆品。……太后总是先梳头后洗脸，她像年轻的女孩子一样精心打扮自己。有一大堆不同的香水和香皂。洗好脸，她先用软毛巾轻轻擦干，然后洒上用蜂蜜和花瓣制成的花露水，扑上粉红色的香粉。梳洗完毕，太后转身对我说：'你一定很奇怪，像我这样大的年纪了，居然还花这许多的时间和精力来打扮自己。的确，我很喜欢打扮自己，也喜欢看别人打扮得好看。小姑娘打扮得漂漂亮亮，我看了就觉得满心欢喜，仿佛自己也变得年轻许多。'”裕德龄（1886—1944）是 1903 至 1904 年陪伴在慈禧身边的，这时的慈禧已年近七旬了，仍喜欢粉红色的香粉。她还会对德龄说：“你脸上的胭脂总是搽得不够，人家没准要拿你当寡妇呢。嘴唇上也要多搽些胭脂，这是规矩。”于是德龄便将自己“打扮得和其他人一样”，

清朝宫女

光绪帝最宠爱的珍妃
（1876—1900）

珍妃的姐姐瑾妃（1874—1924）

简直让自己觉得是“面目全非”。可见此时清宫之中女子的妆容看上去绝不素淡。这一点从清代传世照片得到了验证。清朝宫女的脸上红红的两团胭脂清晰可见。

除了红艳艳的脸蛋儿，所谓的“樱桃唇”也是清宫女子喜爱的，这一点在光绪帝最宠爱的珍妃和她姐姐瑾妃的照片上都能看到，其涂法非常讲究，“嘴唇要以人中作中线，上唇涂得少些，下唇涂得多些，但都是猩红一点，比黄豆粒稍大一些。在书上讲，这叫樱桃口，要这样才是宫廷秀女的装饰。这和画报上西洋女人满嘴涂红绝不一样。”（《宫女谈往录》）

二

中国古代女性对“妆”的重视，最冠冕堂皇的理由，可以说是“四德”之“妇容”决定的。《礼记·昏义》：“教以妇德、妇言、妇容、妇功。”这便是古代女子必须遵从的“三从四德”之“四德”了，郑玄注曰：“妇容，婉娩也。”《后汉书·列女传·曹世叔妻》则说：“盥浣尘秽，服饰鲜洁，沐浴以时，身不垢辱，是谓妇容。”可见妇容原本是指女性端庄柔顺、整洁干净的容态，而并非指容貌美丑。可是实际上，这个“容”跟容貌是分不开的。《世说新语》中有这样一个故事：

许允妇是阮卫尉女，德如妹，奇丑。交礼竟，允无复入理，家人深以为忧。会允有客至，妇令婢视之，还答曰：“是桓郎。”桓郎者，桓范也。妇云：“无忧，桓必劝入。”桓果语许云：“阮家既嫁丑女与卿，故当有意，卿宜查之。”许便回入内，既见妇，即欲出。妇料其此出无复入理，便捉裾停之。许因谓曰：“妇有四德，卿有其几？”妇曰：“新妇所乏惟容尔。然士有百行，君有几？”许云：“皆备。”妇曰：“夫百行以德为首。君好色不好德，何谓皆备？”允有惭色，遂相敬重。（《世说新语·贤媛》）

许允（?—254）只因新娘容貌丑陋，婚礼之后竟不肯进新房。后来在朋友的劝说下终于鼓起勇气回到房中，但一见妻子的容貌，还是忍不住拔腿就走。新妇身手敏捷，一把抓住了他的衣服。许允一边挣扎一边同新妇说：“妇有‘四德’，你占几条啊？”新妇说：“我所缺仅仅是‘容’。而读书人应当有‘百行’，您又符合几条呢？”许允大言不惭地说：“我百行俱备。”新妇正等着他这句呢，就不慌不忙地说：“百行德为首，您好色不好德，怎能说百行俱备呢？”许允顿时哑口无言了。这里的“妇容”，毫无疑问指的是容貌。

李渔《闲情偶寄·声容部》云：“妇人惟仙姿国色，无俟修容；稍去天工者，即不能免于人力矣。然予所谓‘修饰’二字，无论妍媸美恶，均不可少。俗云：‘三分人材，七分妆饰。’此为中人以下者言之也。”在他看来，女人除非真是天香国色，否则一定要好好地妆饰自己。现代生活节奏快，女人们化妆时总在求完美无瑕和节约时间中纠结，而等候女人化妆跟陪同女人购物一样成为对男人的严格考验。古代女子化妆程序之繁复和所用时间比之现代女性，那是有过之而无不及。

以唐代女人为例，专家们研究出的化妆程序是：一敷铅粉，二抹胭脂，三画黛眉，四染额黄（或贴花钿），五点面靥，六描斜红，七涂唇脂，八戴发式。当然，也许这种顺序因各人的习惯也不尽相同，唐代诗人元稹笔下的女子是这样化妆的："晓日穿隙明，开帷理妆点。傅粉贵重重，施朱怜冉冉。柔鬟背额垂，丛鬓随钗敛。凝翠晕蛾眉，轻红拂花脸。满头行小梳，当面施圆靥。"（《恨妆成》）而化妆的时间则为：早晨起来，当然要梳妆打扮，是为早妆，又称晨妆、晓妆、新妆、朝妆，"玉纤澹拂眉山小，镜中嗔共照。翠连娟，红缥缈，早妆时"（唐·孙光宪《酒泉子》）。夜晚来临，还要重新打扮，是为晚妆，也可谓补妆，"月蛾星眼笑微频，柳夭桃艳不胜春，晚妆匀"（唐·阎选《虞美人》）。这些妆容如果"一洗铅华尽"（元·张翥《水龙吟》）固然是好，如果没有清洗，那又出现了"宿妆"和"残妆"，"宿妆眉浅粉山横"（唐·温庭筠《遐方怨》）。

对等候女人化妆的男人们来说，最好是像梁简文帝萧纲（503—551）那样，把这当成是一件韵事来吟咏："北窗向朝镜，锦帐复斜萦。娇羞不肯出，犹言妆未成。散黛随眉广，燕脂逐脸生。"（《美人晨妆》）因为对女人来说，化妆是件天大的事。据说有一次唐太宗李世民（599—649）召见爱妃徐惠（627—650），却久候不至，不禁大怒。徐妃终于来了，皇上当然要询问原因，这位大唐有名的才女不慌不忙，缓缓进诗曰："朝来临镜台，妆罢且徘徊。千金始一笑，一召讵能来？"（宋·王谠《唐语林·贤媛》）

清·费以耕《扑蝶图》

自怜中带着矜持，还有那么一点儿狡黠的恃宠撒娇，皇上不单不忍心怪罪，怕是还要更生几分爱意吧。

而这种种妆饰的堆砌、层层色彩的铺陈，又都是为何呢？

一个春日里，深闺少女杜丽娘妆扮停当。

【步步娇】袅晴丝吹来闲庭院，摇漾春如线。停半晌、整花钿。没揣菱花，偷人半面，迤逗的彩云偏。步香闺怎便把全身现！

与丫鬟来到了自己家中的后花园里，她是如此美丽，

【醉扶归】〔旦〕你道翠生生出落的裙衫儿茜，艳晶晶花簪八宝填，可知我常一生儿爱好是天然。恰三春好处无人见。不隄防沉鱼落雁鸟惊喧，则怕的羞花闭月花愁颤。

后园的景色是如此的动人，

【皂罗袍】原来姹紫嫣红开遍，似这般都付与断井颓垣。良辰美景奈何天，赏心乐事谁家院？朝飞暮卷，云霞翠轩。雨丝风片，烟波画船。

【好姐姐】遍青山啼红了杜鹃，那荼蘼外烟丝醉软，那牡丹虽好，他春归怎占的先？闲凝眄生生燕语明如剪，听呖呖莺声溜的圆。锦屏人忒看的这韶光贱！

而这一切却让她变得伤感起来，“可惜妾身颜色如花，岂料命如一叶乎！”情窦初萌的年纪，朦朦胧胧的愫怀，她并不清晰自己究竟想找寻什么，却不甘心辜负了这姹紫嫣红般的青春。（明 · 汤显祖《牡丹亭》）

同样在一个春日里，另一个虽然已经嫁人，却仍是天真烂漫、懵懂不知愁滋味的女子，也盛妆打扮了赏春去，“闺中少妇不知愁，春日凝妆上翠楼”，那路旁杨柳柔柔翠翠的绿色，忽然闯进了她的视线，也搅动了她原本平静的心湖，“忽见陌头杨柳色，悔教夫婿觅封侯”（唐 · 王昌龄《闺怨》）。谁来与她一起欣赏这美丽的春天呢？谁来欣赏美丽如春天般的她呢？那个为建功立业而与她别离的夫君啊……赏春变做了伤春，不知道她是否还会有盛妆的心情。那个《诗经》里的女子说得明白：“自伯之东，首如飞蓬。岂无膏沐？谁适为容！”（《诗经·伯兮》）心爱的人不在身边，纵是打扮得再美，又给谁看呢？

女为悦己者容。

溯洄那些久远的古代女子妆容故事时，每每仿佛先看到一幕幕绚烂明媚、鲜活流动的场景，然后声音慢慢隐去，色彩渐渐暗去，直到凝固成一幅幅发黄了的图片，像许多老电影里常用的手法。原谅我骨子里残存的年少时文艺女青年的矫情劲儿吧：真的，我有那么一点儿悲伤。白纸黑字里，曾经是一个个青春的美丽的女子，她们那样费尽心思地妆点着自己，或欢喜，或忧伤，也只不过为了一个“女为悦己者容”罢了。男人心中有红玫瑰和白玫瑰，女人就希望自己能“艳如桃李，冷若冰霜”，于是红妆热烈如火，白妆雅致可怜。奈何，红颜弹指老，瞬间芳华……

在那些妆容的历史里，走在时尚前端的，引领时尚潮流的，往往出自宫中，也有些来自风月之地。无他，这两个地方，是女人最集中的所在，也是古代女人最需要较量容貌、博得宠爱、获得生存的所在，妆容当然也就至关重要了。所以，古时宫妃尝有“脂泽田”，即专项用作妆饰费用的田产，《晋书·安帝纪》：“夏四月壬戌，罢临沂、湖熟皇后脂泽田四十顷，以赐贫人，弛湖池之禁”；妓院需纳“脂粉钱”，即官府向妓院征收的税捐，明谢肇淛《五杂组·人部四》：“两京教坊，官收其税，谓之脂粉钱。”

实际上，在一夫多妻（妾）的中国古代，关于妆容的故事可以发生在每个家庭中。所以，为了防微杜渐，有些手腕了得的当家夫人有时会采取限制妆容的管理方式，据《妆楼记》记载，唐代给宪宗皇帝做过侍读，官一直做到秘书监，“有清名”的崔枢，其夫人就“治家整肃，妇妾皆不许时世妆”。而许多大家庭中，女人并没有被剥夺这种权利（或者说男人并没有放弃这种欣赏的乐趣更合适？）：

（涣涣）又善妆饰，来了三五日早学得了枝儿的双鬟髻，春畹的八字眉，喜儿的内家圆，绿云的飞霞妆。彩云爱他怜俐，时常叫他替自己梳妆。涣涣因道："五位奶奶妆束各有风致，各有好处。"彩云道："你既如此留神，何不说来，看是谁好？"涣涣道："大娘爱梳涵烟髻，二娘爱梳垂云髻，三娘爱梳九真髻，四娘爱梳百合髻。大娘喜画横烟眉，二娘喜画却月眉，三娘喜画三峰眉，四娘喜画五岳眉。大娘好点万金红，二娘好点露珠儿，三娘好点小朱龙，四娘好点半边娇。大娘常作桃花妆，二娘常作晓霞妆，三娘常作晕红妆，四娘常作酒晕妆。莫不各极其妙，然又总以本来面目为主。若论二娘当属第一，其浓妆淡抹，无不相宜。我娘须以二娘为准。"彩云听得，自此便在妆饰上用心。

一日耿朗无事，夫妻六人同饮同食。早间宿雨新晴，微凉侵体。彩云穿一领绣绫衫，系一条彩鄃裙，绾一个同心髻，描一双远山眉，点一颗大春红，围一领红销金项帕。……饭后天气稍热，彩云穿一领密纱衫，系一条细罗裙，绾一个十二鬟髻，不钿不钗。描一双小山眉，点一颗小春红，围一领绿冰纨项帕，拿一柄翠羽扇。……晚间稍凉，彩云穿一领淡绿夹纱衫，系一条浅红夹纱裙，绾一个望仙髻，插一支白玉凤头簪，凤嘴边衔一串樱桃大珊瑚红头，描一双斜月眉，点一颗猩猩红，围一领翠花绫项帕，同梦卿在草花丛内品评那汉宫秋、子午花、射干、决明等花的高下。日暮后，梦卿方向东一所去。涣涣又向彩云道：“适才二娘并无钗环，只戴着两支玉簪花，分明一般样的草木，如何到得二娘头上，便另一种好看？”

《千秋绝艳图·绿珠》

这是明清时小说《林兰香》中的段落，书中男主角耿朗才质庸庸，貌仅中人，然而身边却是红袖绿云珠围翠绕。段落中提到的彩云是耿朗的第五房妾，丫鬟涣涣是个精通化妆术的高手，涣涣要彩云模仿的对象是二娘燕梦卿。梦卿原本是耿朗门当户对的未婚妻，却因父亲入狱等原因被迫取消了姻亲关系，后来坚持“一女不嫁二夫”，还是嫁给了已经另娶了正室的耿朗，成为二娘。她是作者精心刻画的最完美的女性，相貌人品、琴棋书画、诗词歌赋、理家才干，无一不是远超众人——尽管这些并没有为她带来应有的幸福。此外，这个大大的后院中，还有端庄沉稳的大娘林云屏、生性风雅爱说爱笑的三娘宣爱娘、小家碧玉却极擅风情因而也最得宠的四娘任香儿……要在这群出色的女人中脱颖而出，博得丈夫的欢心，五娘彩云不得不在衣着妆容上用尽心思，下尽了功夫，而这一回的标题就是《彩云一日几般妆　耿服三秋无限恨》。

最苦女儿身，事人以颜色。仔细想来，绿珠为石崇的纵身一跳，虞姬为霸王的拔剑自刎，都发生在她们最美丽也最受宠的年华里，否则，绿珠也许会被转送他人，不见以妾换马之典么？虞姬也许会在深宫里老去，不见曾经被藏于金屋却被冷落于长门宫，不得不求助于司马相如作赋邀宠的汉武帝皇后陈阿娇么？而说到这位司马相如，他用一篇《长门赋》帮阿娇挽回了汉武帝的心，却辜负了自己“眉如远山”的妻子卓文君，那一曲《凤求凰》、深夜私奔、当垆卖酒的种种往事在他“将聘茂陵人女为妾”时似乎都随风而逝了，虽然这件事的结局是“卓文君作《白头吟》以自绝”：“皑如山上雪，皎若云间月。闻君有两意，故来相决绝！今日斗酒会，明旦沟水头；躞蹀御沟上，沟水东西流。凄凄复凄凄，嫁娶不须啼；愿得一心人，白头不相离。竹竿何袅袅，鱼尾何蓰蓰。男儿重意气，何用钱刀为！”于是“相如乃止”（《西京杂记》）。只是当明月白雪般的爱情经历了背叛之后，曾经被冰冻的心是否还能温暖如初呢？尤其是，能写出《长门赋》的他，怎会不知道自己的所作所为会令她伤心欲绝？只是她的伤心，比不过他自己的风流快意罢了。后世的女子对这一点看得很清楚，所以清代女诗人张芬在《咏卓文君》中写道："锦江山色敛眉痕，弃掷由人早断恩。何必《白头吟》寄怨，夫君自解赋《长门》！"

其实，我总是非常怀疑这个故事，无论是《长门赋》还是《白头吟》，是不是都太过夸张了文学的力量？一颗背叛的心，真是一篇文、一首诗可以挽得回的吗？清代蒲松龄的《聊斋志异》里也有这样一个挽回丈夫的妻子，只是她借助的不是一篇文章，而是一个真正妖精级的造型师和心理学家，且看《恒娘》：

> 洪大业，都中人，妻朱氏，姿致颇佳，两相爱悦。后洪纳婢宝带为妾，貌远逊朱，而洪嬖之。朱不平，辄以此反目。洪虽不敢公然宿妾所，然益嬖宝带，疏朱。

朱氏颇有姿色，然而"妻不如妾，妾不如偷"，丈夫洪大业偏偏宠爱容貌远不如她的小妾宝带，以致夫妻反目。

> 后徙其居，与帛商狄姓者为邻。狄妻恒娘，先过院谒朱。恒娘三十许，姿仅中人，言词轻倩。朱悦之。次日，答其拜，见其室亦有小妻，年二十以来，甚娟好。邻居几半年，并不闻其诟谇一语；而狄独钟爱恒娘，副室则虚员而已。

这位邻家女主人恒娘仅有中等姿色，而且已经三十岁了，其丈夫却不爱娟好年轻的小妾，独钟情于恒娘。朱氏自然要请教其中缘由了，恒娘倒也不藏私，为她制定了一系列战术。第一步是"益纵之，即男子自来，勿纳也"。

朱从其言，益饰宝带，使从丈夫寝。洪一饮食，亦使宝带共之。洪时一周旋朱，朱拒之益力，于是共称朱氏贤。

一个月之后，朱氏又去见恒娘。

恒娘喜曰："得之矣！子归毁若妆，勿华服，勿脂泽，垢面敝履，杂家人操作。一月后可复来。"朱从之。衣敝补衣，故为不洁清，而纺绩外无他问。洪怜之，使宝带分其劳；朱不受，辄叱去之。

这是第二步，恒娘要她毁去妆容甚至蓬头垢面，身穿旧衣，跟仆人们一起劳作，整个儿一邋里邋遢的黄脸婆形象啊，便是洪大业也有些"怜之"了。这样一个月之后，朱氏再去见恒娘。

恒娘曰："孺子真可教也！后日为上巳节，欲招子踏春园。子当尽去敝衣，袍裤袜履，崭然一新，早过我。"朱曰："诺。"至日，揽镜细匀铅黄，一如恒娘教。妆竟，过恒娘，恒娘喜曰："可矣！"又代挽凤髻，光可鉴影。袍袖不合时制，拆其线更作之；谓其履样拙，更于笥中出业履，共成之，讫，即令易着。

这是第三步，恒娘要她以踏春为名，盛妆打扮。妆容、发型、衣着、鞋子，都由恒娘一手打造，一定要"合时制"。"崭然一新"的美人华丽丽地出现在丈夫面前时，效果那是相当地惊人：

朱归，炫妆见洪，洪上下凝睇之，欢笑异于平时。朱少话游览，便支颐作情态；日未昏，即起入房，阖扉眠矣。未几，洪果来款关，朱坚卧不起，洪始去。次夕复然。明日，洪让之。朱曰："独眠习惯，不堪复扰。"日既西，洪入闺坐守之。灭烛登床，如调新妇，绸缪甚欢。更为次夜之约；朱不可，长与洪约以三日为率。

从"求而不来"到"赶而不走"，甚至"入闺坐守之"，变憎为爱，丈夫的改变已经令朱氏惊讶了，可对恒娘来说这还不是结束，她还有第四步：

半月许复诣恒娘，恒娘阖门与语曰："从此可以擅专房矣。然子虽美，不媚也。子之姿，一媚可夺西施之宠，况下者乎！"于是试使睨，曰："非也！病在外眦。"试使笑，又曰："非也！病在左颐。"乃以秋波送娇，又瓠然瓠犀微露，使朱效之。凡数十作，始略得其仿佛。恒娘曰："子归矣，揽镜而娴习之，术无余矣。至于床第之间，随机而动之，因所好而投之，此非可以言传者也。"

光有美丽的外貌还不行，一颦一笑还要做到"媚"。何为"媚"？这也是只可意会的东西，如果真要解释，就参照一下李渔的宏论吧：

古云"尤物足以移人"，尤物维何？媚态是已。世人不知，以为美色，乌知颜色虽美，是一物也，乌足移人？加之以态，则物而尤矣。如云美色即是尤物，即可移人，则今时绢做之美女，画上之娇娥，其颜色较之生人，岂止十倍，何以不见移人，而使之害相思成郁病耶？是知"媚态"二字，必不可少。媚态之在人身，犹火之有焰，灯之有光，珠贝金银之有宝色，是无形之物，非有形之物也。惟其是物而非物，无形似有形，是以名为“尤物”。尤物者，怪物也，不可解说之事也。凡女子，一见即令人思，思而不能自已，遂至舍命以图，与生为难者，皆怪物也，皆不可解说之事也。……态之为物，不特能使美者愈美，艳者愈艳，且能使老者少而媸者妍，无情之事变为有情，使人暗受笼络而不觉者。女子一有媚态，三四分姿色，便可抵过六七分。试以六七分姿色而无媚态之妇人，与三四分姿色而有媚态之妇人同立一处，则人止爱三四分而不爱六七分，是态度之于颜色，犹不止一倍当两倍也。试以二三分姿色而无媚态之妇人，与全无姿色而止有媚态之妇人同立一处，或与人各交数言，则人止为媚态所惑，而不为美色所惑，是态度之于颜色，犹不止于以少敌多，且能以无而敌有也。今之女子，每有状貌姿容一无可取，而能令人思之不倦，甚至舍命相从者，皆“态”之一字之为祟也。（清·李渔《闲情偶寄·声容部·态度》）

朱氏也确实是个好学生，一招一式学得有模有样：

朱归，一如恒娘教。洪大悦，形神俱惑，惟恐见拒。日将暮，则相对调笑，跬步不离闺闼，日以为常，竟不能推之使去。朱益善遇宝带，每房中之宴，辄呼与共榻坐；而洪视宝带益丑，不终席，遣去之。朱赚夫入宝带房，扃闭之，洪终夜无所沾染。

《聊斋志异·恒娘》

于是宝带恨洪，对人辄怨诱。洪益厌怒之，渐施鞭楚。宝带忿，不自修，拖敝垢履，头类蓬葆，更不复可言人矣。

至此，这场妻对妾的反攻在妖精造型师的帮助下大获全胜，但是朱氏对这胜利的到来知其然却不知其所以然："毁之而复炫之，何也？"恒娘的解释姐姐妹妹们也需好好学习："子不闻乎：人情厌故而喜新，重难而轻易？丈夫之爱妾，非必其美也，甘其所乍获，而幸其所难遘也。纵而饱之，则珍错亦厌，况藜羹乎！……置不留目，则似久别；忽睹艳妆，则如新至，譬贫人骤得粱肉，则视脱粟非味矣。而又不易与之，则彼故而我新，彼易而我难，此即子易妻为妾之法也。"不解释了，自己慢慢参悟罢。

"姿质颇佳"的朱氏尚需要以时尚的妆容、娇媚的姿态去赢得男人的欢心，身材不错但长相不佳的女人怎么办呢？假如老公手眼不仅通天，而且入地——认识阴曹地府里的判官，可以直接换一个美女之头！还是《聊斋志异》，且看《陆判》：

（朱尔旦）曰："……山荆，予结发人，下体颇亦不恶，但头面不甚佳丽。尚欲烦君刀斧，如何？"陆（判官）笑曰："诺，容徐图之。"过数日，半夜来叩关。朱急起延入，烛之，见襟裹一物，诘之，曰："君曩所嘱，向艰物色。适得一美人首，敬报君命。"朱拨视，颈血犹湿。……引至卧室，见夫人侧身眠。陆以头授朱抱之；自于靴中出白刃如匕首，按夫人项，着力如切腐状，迎刃而解，首落枕畔；急于生怀，取美人首合项上，详审端正，而后按捺。已而移枕塞肩际，命朱瘗首静所，乃去。朱妻醒，觉颈间微麻，面颊甲错，搓之，得血片，甚骇。呼婢汲盥，婢见面血狼藉，惊绝。濯之，盆水尽赤。举首则面目全非，又骇极。夫人引镜自照，错愕不能自解。朱入告之。因反复细视，则长眉掩鬓，笑靥承颧，画中人也。解领验之，有红线一周，上下肉色，判然而异。

这位朱尔旦原本人不怎么聪明，但因为生性豪放，无意中结识了地狱里的判官，在他的帮助下换了一颗七窍玲珑之心，一时文思大进。换心之后的男人对身材不错但相貌不佳的妻子也就心有不足了，于是就有了上面那令人"细思恐极"的一幕，一个现代科技尚不能完成的大型外科手术在女人的毫不知情中完成了。只不知看着镜中自己那美丽却陌生的容颜，再看着丈夫欣赏而热切的目光，这个女人心中是悲是喜了。

可惜男人对美的爱好是没有止境的，还是《聊斋志异》，还

《聊斋志异·嫦娥》

是出自蒲公笔下的穷书生宗子美，娶了一个绝世倾国、名为“嫦娥”的仙女，一夜之间“家暴富”，又有“慧绝工媚”的狐妾颠当，尚且不满足——因“不曾见飞燕、杨妃耳”！幸好仙女就是仙女，化妆本事比恒娘又高了几段，简直是“易容术”了：

嫦娥善谐谑，适见美人画卷，宗曰：“吾自谓，如卿天下无两，但不曾见飞燕、杨妃耳。”女笑曰：“若欲见之，此亦何难。”乃执卷细审一过，便趋入室，对镜修妆，效飞燕舞风，又学杨妃带醉。长短肥瘦，随时变更；风情态度，对卷逼真。方作态时，有婢自外至，不复能识，惊问其僚，复向审注，恍然始笑。宗喜曰：“吾得一美人，而千古之美人，皆在床闼矣！”（《聊斋志异·嫦娥》）

“千古美人，皆在床闼”！兀得不羡杀天下男人也么哥！更让那个同样邂逅了“二八姝丽”的王生情何以堪啊，明明看上去都是擅长化妆的佳人嘛，为何他遇到的那个，真面目却是那般可怕呢：

一狞鬼，面翠色，齿巉巉如锯。铺人皮于榻上，执彩笔而绘之；已而掷笔，举皮，如振衣状，披于身，遂化为女子。（《聊斋志异·画皮》）

《聊斋志异·画皮》

好在，《聊斋志异》有以貌取人却遇鬼的王生，也有“惟真才人为能多情，不以妍媸易念”的贺生。“才名夙著”的贺生与“色艺无双”的杭州名妓瑞云相恋，却因家贫无力谋娶。这一日，瑞云却遇到了一个奇怪的客人：

《聊斋志异·瑞云》

一日，有秀才投贽，坐语少时，便起，以一指按女额曰：“可惜！可惜！”遂去。瑞云送客返，共视额上有指印，黑如墨，濯之益真。数日，墨痕益阔；年余，

连颧彻准矣。见者辄笑，而车马之迹以绝。媪斥去妆饰，使与婢辈伍。(《聊斋志异·瑞云》)

贺生顺利地得到了失去美貌也就身价贬值的“佳人”，而且，他“不以妍媸易念”而且“益笃”的情意也使他们最终得到了更完美的结局：那位令瑞云毁容的奇秀才和生再次出现了，“令以盥器贮水，戟指而书之”，“瑞云自靧之，随手光洁，艳丽一如当年”。

“以貌取人，失之子羽。神物奇丑，何必为容？然出尘远体，总系仙才。好德如好色，非慧男子不至是。”(苏士琨《闲情十二怃·怃色》) 从“女为悦己者容”到“女为己悦而容”，几乎可以代表女权主义运动的目标和宗旨了。只是，在这个越来越看重外表的时代里，这条路，似乎还长得很呢。

妆台记

舜加女人首饰，钗杂以牙玳瑁为之。

周文王于髻上加珠翠翘花，傅之铅粉，其髻高，名曰凤髻，又有云髻，步步而摇，故曰步摇。

始皇宫中悉好神仙之术，乃梳神仙髻，皆红妆翠眉，汉宫尚之。后有迎春髻、垂云髻，时亦相尚。

汉武就李夫人取玉簪搔头，自此宫人多用玉。时王母下降，从者皆飞仙髻、九环髻，遂贯以凤头钗、孔雀搔头、云头篦，以玳瑁为之。

汉明帝令宫人梳百合分髾髻、同心髻。

魏武帝令宫人梳反绾髻，插云头篦，又梳百花髻。

晋惠帝令宫人梳芙蓉髻，插通草五色花。

陈宫中梳随云髻，即晕妆。

隋文宫中梳九真髻，红妆谓之桃花面，插翠翘桃华搔头，帖五色花子。

炀帝令宫人梳迎唐八鬟髻，插翡翠钗子，作日妆，又令梳翻荷鬓，作啼妆，坐愁髻，作红妆。

唐武德中，宫中梳半翻髻，又梳反绾髻、乐游髻，即水精殿名也。

开元中，梳双鬟望仙髻及回鹘髻。

贵妃作愁来髻。

贞元中，梳归顺髻，帖五色花子，又有闹扫妆髻。《古今注》云：长安作盘桓髻、惊鹄髻，复作俀鬌髻。一云梁冀妻堕马髻之遗状也。

晋永嘉间妇人束发，其缓弥甚，紒之坚不能自立，发被于额，自出而已。吴妇盛妆者，急束其发而劘角过于耳。

惠帝元康中，妇人之饰有五兵佩，又以金银玳瑁之属，为斧钺戈戟以当笄。

太元中，王公妇女必缓鬓倾髻以为盛饰，用发既多，不可恒戴，乃先于木及笼上装之，名曰假髻，或名假头。

宋文帝元嘉六年，民间妇人结发者，三分发。抽其鬟直向上，谓之飞天紒。始自东府，流被民庶。

天宝初，贵族及士民好为胡服胡帽，妇人则簪步摇钗，衫袖窄小。

杨贵妃常以假鬓为首饰，而好服黄裙。

蜀孟昶末年，妇女治发为高髻，号朝天髻。

理宗朝宫妃梳高髻于顶，曰不走落。

梁简文诗："同安鬟里拨，异作额间黄。"拨者，捩开也。妇女理鬟用拨，以木为之，形如枣核，两头尖，尖可二寸长，以漆光泽，用以松鬓，名曰鬓枣。竞作万妥鬟，如古之蝉翼鬓也。

后周静帝令宫人黄眉墨妆。

汉武帝令宫人扫八字眉。

汉日给宫人螺子黛翠眉。

魏武帝令宫人画青黛眉、连头眉。一画连心细长，谓之仙蛾妆。齐梁间多效之。

唐贞元中，又令宫人青黛画蛾眉。

《古今注》云：梁冀妻改翠眉为愁眉。

魏宫人画长眉。

《西京杂记》云：司马相如妻文君，眉色如望远山，时人效画远山眉。

五代宫中画眉，一曰开元御爱眉；二曰小山眉；三曰五岳眉；四曰三峰眉；五曰垂珠眉；六曰月棱眉，又名却月眉；七曰分梢眉；八曰涵烟眉；九曰拂云眉，又名横烟眉；十曰倒晕眉。东坡诗："成都画手开十眉，横烟却月争新奇。"

唐末点唇，有胭脂晕品、石榴娇、大红春、小红春、嫩吴香、半边娇、万金红、圣檀心、露珠儿、内家圆、天宫巧、恪儿殷、淡红心、猩猩晕、小朱龙、格双唐、眉花奴。

妇人画眉有倒晕妆，古乐府有"晕拢髩"之句。

今妇人面饰用花子，起自唐上官昭容所制，以掩黥迹也。

隋文宫中贴五色花子，则前此已有其制矣，乃仿于宋寿阳公主梅花落面事也。宋淳化间，京师妇女竞翦黑光纸团靥，又装缕鱼腮骨，号鱼媚子，以饰面，皆花子之类耳。

美人妆面，既傅粉，复以胭脂调匀掌中施之两颊，浓者为酒晕妆；浅者为桃花妆；薄薄施朱，以粉罩之，为飞霞妆。梁简文诗云："分妆间浅靥，绕脸傅斜红。"则斜红绕脸即古妆也。

妇人染指甲用红，按《事物考》，杨贵妃生而手足爪甲红，谓白鹤精也，宫中效之。

小桃洗面添光泽

取红花，取白雪，与儿洗面作光悦。

取白雪，取红花，与儿洗面作光泽。

取雪白，取花红，与儿洗面作华容。

“北齐卢士深妻，崔林义之女，有才学，春日以桃花靧儿面。”(《太平御览》卷二十引唐虞世南《史略》)这首诗就是她靧面随口所吟，靧(hu ì)，又通“颒”“沬”，所谓“靧面”，即是洁面、洗脸。“红”“花”“雪”“白”四字循循环环反反复复，念念有词中，是一个女人对容颜的美好祝愿——我原本一直以为诗中的“儿”是指孩子，而这是一位母亲在为孩子洗面时吟唱的歌谣，因为后人有诗曰：“楼外桃花红锦披，当花把酒映花枝。慈亲饮酒看儿笑，记摘桃花洗面时。”(明·刘基《送金华何生还乡觐士》)“闲园收拾残花片，供得儿曹靧面来。”(清·庞畹《琐窗杂事》)一直到钱锺书先生写给爱妻杨绛的七绝十章中，忆及两人初见时她姣好的脸色时说的“缬眼容光忆初见，蔷薇新瓣浸醍醐。不知靧洗儿时面，曾取红花和雪无”，应该都是母亲为孩子洗面的意思。但也有专家说，此处的“儿”是北朝至初唐口语中女性惯用的自谦性第一人称，即“我”，于是慈母变美女，好像也不错——我用红花和白雪，清洁我的面容，希望能够光彩照人、白里透红……

不管怎样，在中国古代女子繁琐的上妆过程中，敷粉是第一步，然而在上粉之前还有非常重要的事，即洁面。不整洁的画纸当然画不出美丽的图画啦。

一

“盥浣尘秽，服饰鲜洁，沐浴以时，身不垢辱，是谓妇容。”（《后汉书 · 列女传 · 曹世叔妻》）妇容首先就是要整洁干净，洗脸当然首当其冲。而对于事事都有着悠久历史的中国人来说，关于洗脸，那也不是一件简单的事儿。就拿遥远的周代说吧，这是一个礼治的时代，对于各种礼仪均有严格的规范，包括洁面。《礼记 · 内则》：“子事父母，鸡初鸣，咸盥漱……妇事舅姑，如事父母。鸡初鸣，咸盥漱……进盥，少者奉盘，长者奉水，请沃盥。盥卒，授巾。……男女未冠笄者，鸡初鸣，咸盥漱，……五日则燂汤请浴，三日具沐。其间而垢，燂潘请靧。”陆德明释文曰：“盥，洗手；漱，漱口也……靧，洗面。”简单地说就是，鸡初鸣时分，男女老少就要洗漱了，而且，遵循孝道，还有侍奉长辈洗漱的具体规范。不要小看这些细枝末节的程序，中华几千年的传统文明、等级制度都在这些细节中呢。

《红楼梦》中也有这么几处“洗脸”，一处是宝玉洗脸：

黛玉起来叫醒湘云，二人都穿了衣服。宝玉复又进来，坐在镜台旁边，只见紫鹃、雪雁进来伏侍梳洗。湘云洗了面，翠缕便拿残水要泼，宝玉道：“站着，我趁势洗了就完了，省得又过去费事。”说着便走过来，弯腰洗了两把。紫鹃递过香皂去，宝玉道：“这盆里的就不少，不用搓了。”再洗了两把，便要手巾。翠缕道：“还是这个毛病儿，多早晚才改。”宝玉也不理，忙忙的要过青盐擦了牙，漱了口，完毕……只见袭人进来，看见这般光景，知是梳洗过了，只得回来自己梳洗。……袭人叹道：“姊妹们和气，也有个分寸礼节，也没个黑家白日闹的！凭人怎么劝，都是耳旁风。”（第二十一回《贤袭人娇嗔箴宝玉　俏平儿软语救贾琏》）

宝玉是脂粉丛中、姐妹群里长大的，自称“绛洞花主”，他与黛玉自幼“日则同行同坐，夜则同息同止”，“男女七岁不同席”的规矩在贾母的庇护下形同虚设，便是元妃也特许他与众姐妹一起搬进大观园这片女儿国，所以他在黛玉、湘云尚未起床的情景下进入她们的卧室，用姐妹二人的剩水洗脸，一切都那么纯净自然，彼此都没觉得不妥。而以服侍、劝谏宝玉为责的“贤”袭人却看到了这些行为的不合“分寸礼节”。

另一处是尤氏洗脸：

跟来的丫头媳妇们因问：“奶奶今日中晌尚未洗脸，这会子趁便净一净可好？”尤氏点头。李纨忙命素云来取自己的妆奁。素云一面取来，一面将自己的胭粉拿来，笑道：“我们奶奶就少这个。奶奶不嫌脏，这是我的，能着用些。”李纨道：“我虽没有，你就该往姑娘们那里取去，怎么公然拿出你的来。幸而是他，若是别人，岂不恼呢。”尤氏笑道：“这又何妨。自来我凡过来，谁的没使过，今日忽然又嫌脏了？”一面说，一面盘膝坐在炕沿上。银蝶上来忙代为卸去腕镯戒指，又将一大袱手巾盖在下截，将衣裳护严。小丫鬟炒豆儿捧了一大盆温水走至尤氏跟前，只弯腰捧着。李纨道：“怎么这样没规矩。”银蝶笑道：“说一个个没机变的，说一个葫芦就是一个瓢。奶奶不过待咱们宽些，在家里不管怎样罢了，你就得了意，不管在家出外，当着亲戚也只随着便了。”尤氏道：“你随他去罢，横竖洗了就完事了。”炒豆儿忙赶着跪下。尤氏笑道：“我们家下大小的人只会讲外面假礼假体面，究竟作出来的事都够使的了。”……一时，尤氏盥沐已毕，大家吃面茶。（第七十五回《开夜宴异兆发悲音　赏中秋新词得佳谶》）

虽然身为宁国府的当家夫人，尤氏性情却比较温弱，不仅对丈夫贾珍、儿子贾蓉的胡作非为毫无办法，下人跟前也立不起规矩。夫死早寡的李纨更是浑名“大菩萨”的“第一个善德人”，所以在这二人跟前的丫鬟也相对比较轻松，不用讲太多的“假礼假体面”。

还有一处是探春洗脸：

因探春才哭了，便有三四个小丫鬟捧了沐盆、巾帕、靶镜等物来。此时探春因盘膝坐在矮板榻上，那捧盆的丫鬟走至跟前，便双膝跪下，高捧沐盆；那两个小丫鬟，也都在旁屈膝捧着巾帕并靶镜脂粉之饰。平儿见侍书不在这里，便忙上来与探春挽袖卸镯，又接过一条大手巾来，将探春面前衣襟掩了。探春方伸手向面盆中盥沐。（第五十五回《辱亲女愚妾争闲气　欺幼主刁奴蓄险心》）

探春虽是庶出小姐，却“顾盼神飞，文彩精华”，“才自精明志自高”，与恨不生为女儿身的宝玉恰恰相反，探春曾说：“我但凡是个男人，可以出得去，我必早走了，立一番事业。”生母赵姨娘和弟弟贾环生性猥琐不给力，她只能事事自己争取，平时她就看重自己的小姐身份，不肯自轻自贱，一举一动都要“按祖宗手里旧规矩”，治下极严，此时又奉王夫人之命管理家务，所以就算是洗个脸，也是十足的大家闺秀派头。

同样是洗脸，曹雪芹能绘出不同人物的性格，讲究生活情趣的李渔（1611—1680）却精心研究了洗脸的方法。能加诸在李渔身上的名号可以数出几十种之多：戏剧理论家、剧作家、导演、小说家、诗人、音乐家、书法家、篆刻家、画家、绘画理论家、编辑、出版家、工艺美术师、服装设计师、园林艺术家、美食家、养生家……其实，他还是美容专家和女性专家，他以一个男人的视角，一个文人的品味，对女性的美进行了非常独到的研究，即使今天看来，也颇具价值。就拿洁面来说吧，这个男人絮絮叨叨、不厌其烦地阐述道：

盥面之法，无他奇巧，止是濯垢务尽。面上亦无他垢，所谓垢者，油而已矣。油有二种，有自生之油，有沾上之油。自生之油，从毛孔沁出，肥人多而瘦人少，似汗非汗者是也。沾上之油，从下而上者少，从上而下者多，以发与膏沐势不相离，发面交接之地，势难保其不侵。况以手按发，按毕之后，自上而下亦难保其不相挨擦，挨擦所至之处，即生油发亮之处也。生油发亮，于面似无大损，殊不知一日之美恶系焉，面之不白不匀，即从此始。从来上粉着色之地，最怕有油，有即不能上色。倘于浴面初毕，未经搽粉之时，但有指大一痕为油手所污，迨加粉搽面之后，则满面皆白而此处独黑，又且黑而有光，此受病之在先者也。既经搽粉之后，而为油手所污，其黑而光也亦然，以粉上加油，但见油而不见粉也，此受病之在后者也。此二者之为患，虽似大而实小，以受病之处止在一隅，不及满面，闺人尽有知之者。尚有全体受伤之患，从古佳人暗受其害而不知者，予请攻而出之。

现代人将皮肤分为油性、干性、混合性，其中油性皮肤妆后容易脱粉，所以无论是洗面奶还是护肤品中都有“控油”、“反孔（毛孔）”等名目，而四百年前的李渔已经发现了油痕对妆粉的影响，“从来上粉着色之地，最怕有油，有即不能上色”。如何解决这一问题呢？李渔自有技巧：

从来拭面之巾帕，多不止于拭面，擦臂抹胸，随其所至；有膩即有油，则巾帕之不洁也久矣。即有好洁之人，止以拭面，不及其它，然能保其上不及发，将至额角而遂止乎？一沾膏沐，即非无油少膩之物矣。以此拭面，非拭面也，犹打磨细物之人，故以油布擦光，使其不沾他物也。他物不沾，粉独沾乎？凡有面不受妆，越匀越黑；同一粉也，一人搽之而白，一个搽之而不白者，职是故也。以拭面之巾有异同，非搽面之粉有善恶也。故善匀面者，必须先洁其巾。拭面之巾，止供拭面之用，又须用过即浣，勿使稍带油痕，此务本穷源之法也。（李渔《闲情偶寄·声容部·修容第二》）

原来秘诀就在于拭面之巾“止供拭面之用”、“须用过即浣”，真是个细膩的男人啊。

二

今天我们洗脸有洗面奶、洗面皂、洁颜油、净颜啫哩……那么，古人都用什么洗脸呢？

先看纯天然无须加工的：

淘米水。《礼记 · 玉藻》中有云：“（君子）日五盥，沐稷而靧粱。”孔颖达疏曰：“沐稷而靧粱者，沐，沐发也；靧，洗面也。取稷粱之潘汁，洗面沐发，并须滑故也。然此大夫礼耳。又人君沐靧皆粱也。”所谓稷粱，都属粟类；所谓潘汁，陆德明释文曰：“潘，芳烦反，淅米汁。”就是淘米水。没错，君子大夫们就是用淘米水来洗脸的，以取其“滑泽”。其实直到今天，这种古老的方法还是许多崇尚天然热爱环保的美眉的洁面法宝，浸满了米麸的淘米水，据说含有丰富的维他命和氨基酸等营养物质，质地温和，可以将面部皮肤洗得光洁白皙。

皂角。又称皂荚，是皂角树所结的荚，因为其中含有碱质，有比较强的清洁能力，直到现在也是许多化妆品、洗涤用品的重要原料。元王实甫《西厢记》第二本第二折里，张生向好友杜将军借兵，击退了前来掠劫莺莺的孙飞虎，老夫人遂宴请张生。按之前许诺，老夫人应将莺莺许给张生为妻，所以张生满怀希望，兴奋而焦急地等待着："夜来老夫人说，着红娘来请我，却怎生不见来？我打扮着等他，皂角也使过两个也，水也换了两桶也，乌纱帽擦得光挣挣的，怎么不见红娘来也？"恋爱中的男人与恋爱中的女人一样，对外貌也是如此的在意啊。

肥皂荚。肥皂荚的果肉也可用于洗涤清洁，其效果更胜皂角。明李时珍《本草纲目·木二·肥皂荚》曰："肥皂荚生高山中，其树高大，叶如檀及皂荚叶，五六月开白花，结荚长三四寸，状如云实之荚，而肥厚多肉。内有黑子数颗，大如指头，不正圆，其色如漆而甚坚。中有白仁如栗，煨熟可食。亦可种之。十月采荚，煮熟、捣烂，和白面及诸香作丸，澡身面，去垢而腻润，胜于皂荚也。"

皂角

肥珠子（无患子）

肥珠子。又名无患子，宋

庄季裕《鸡肋编》卷上："浙中少皂荚，澡面浣衣，皆用肥珠子。木亦高大，叶如槐而细，生角，长者不过三数寸。子圆黑肥大，肉亦厚，膏润于皂荚，故一名肥皂。"肥珠子厚肉质状的果皮含有皂素，也可以直接用于清洁皮肤。

再说说经过加工的。

澡豆。大概是在魏晋南北朝时期，开始出现了"澡豆"。所谓澡豆，是古代一种以豆粉为主，配合各种药物制成的粉状洗护用品。它曾被视为比丘随身十八物之一，应该也是跟佛教一起进入中国的。"有诸比丘浴时，出外以背揩壁树木，还入水灌伤破其身。佛言：不应尔。听用蒲桃皮、摩楼皮、澡豆等诸去垢物。"（《五分律》卷二十六）根据《十诵律》卷三十八所记载，澡豆是由大豆、小豆、摩沙豆、豌豆、迦提婆罗草、梨频陀子等磨粉而成。《世说新语》中有一段颇为有名的轶事：

> 王敦初尚主，如厕，见漆箱盛干枣，本以塞鼻，王谓厕上亦下果，食遂至尽。既还，婢擎金澡盘盛水，琉璃碗盛澡豆，因倒着水中而饮之，谓是干饭。群婢莫不掩口而笑之。（《世说新语·纰漏》）

话说王敦（266—324）娶了晋武帝司马炎之女襄城公主为妻，做了驸马爷，面对奢华的皇室生活，却处处显得像个土包子。仅是在皇家五星级洗手间里，就出了一连串洋相，先是吃了用来塞鼻孔的干枣，后来又将琉璃碗里用来洗手的澡豆，倒在洗手的金盆里，咕咚咕咚喝下肚去，还说是“干饭”。真真是笑煞了一干婢女！要说这个王敦也是士族出身、东晋权臣，何以如此露怯？所以后来的研究者认为此事当属虚构，目的是为抹黑王敦的形象。即使如此，也可以看出，此时的“澡豆”休说进入寻常百姓家，便是士族之家也极少见到，属于高级奢侈品。不过，不知是否因为有了这件事的历练，王敦后来竟以处事淡定而知名了。当时富豪排行榜上排名第一的石崇，家中的客用洗手间更是奢华，常有十多名美貌婢女侍奉，“皆丽服藻饰，置甲煎粉、沈香汁之属，无不毕备。”她们还会帮如厕后的客人换上新衣，很多客人都会觉得有些不自在，而王敦却“脱故衣，著新衣，神色傲然”（《世说新语·汰侈》）。这就是吃一堑长一智？

后来，澡豆的使用越来越广泛，到唐代，“面脂手膏，衣香澡豆，士人贵胜，皆是所要”（唐·孙思邈《千金翼方》），已成为“士人贵胜”的生活必需品了，而且，按唐代的风俗，逢到腊日（农历十二月初八），朝廷还要赏赐臣下澡豆、面脂等，简直算是“劳保用品”啊。名医孙思邈在《千金方》里列举了多个澡豆配方。这些配方有些比较平民，如：“白芷、白术、白鲜皮、白敛、白附子、白茯苓、羌活、萎蕤、栝楼子、桃仁、杏仁、菟丝子、商陆、土瓜根、芎䓖（各一两），猪胰（两具大者细切）、冬瓜仁（四合）、白豆面（一升）、面（三升溲猪胰为饼暴干捣筛）。上十九味合捣筛，入面，猪胰拌匀，更捣，每日常用，以浆水洗手面，甚良。”

有的方子就很贵族了，如“丁香、沉香、青木香、桃花、钟乳粉、真珠、玉屑、蜀水花、木瓜花各三两，奈花、梨花、红莲花、李花、樱桃花、白蜀葵花、旋覆花各四两，麝香一铢。上一十七味，捣诸花，别捣诸香，真珠、玉屑别研作粉，合和大豆末七合，研之千遍，密贮勿泄。常用洗手面作妆，一百日其面如玉，光净润泽……”不过平民也好贵族也好，配方中大都要用到豆面，然后以猪胰、皂角之类增强去油除垢的效力，再以各种香料调节，种种原料加工处理、晾干、捣成散末，细细掺和到一起，才能得到干粉末状的成品。

胰子。在制作澡豆的时候，人们逐渐以碱或者草木灰代替豆粉，在研磨猪胰时加入砂糖，再加入熔融的猪脂，混合均匀后，压制成或圆或方的块状，这就是“胰子”了。如果再在其中加入各种花香，制成玫瑰胰子、桂花胰子、茉莉胰子，就与今天的香皂已经很相似了。

肥皂。古人将皂荚或肥珠子等捣碎细研，加工成丸，称“肥皂”,又叫“肥皂团”。根据宋人周密《武林旧事·小经纪》的记载，南宋时临安城内已经有了专门经营“肥皂团”的小生意人。元人郑廷玉《忍字记》第一折有云：“可怎生洗不下来，将肥皂来。”说明至少宋元时期人们已经用肥皂了。明李时珍《本草纲目 · 木二 · 肥皂荚》中还有肥皂的制作方法：“十月采荚，煮熟、捣烂，和白面及诸香作丸，澡身面，去垢而腻润，胜于皂荚也。”

人们在制作肥皂的过程中，还要加入“诸香”，也就是各种香料，这就成了香皂，又称“香肥皂”。宋代杨士瀛所著《仁斋直指》中记载的可以“令人面色好”的香皂制作方法已经十分具体了，要把肥皂荚“去里外皮筋并子，只要净肉一茶盏”，捣烂，用鸡蛋清和在一起，晒去气息，再将白芷、白附子、白僵蚕、白芨、白蒺藜、白敛、草乌、山楂、甘松、白丁香、大黄、藁本、鹤白、杏仁、豆粉、猪脂、轻粉、蜜陀僧、樟脑、孩儿茶等多种草药和香料研成的粉末调和到一起，“和为丸”，真是复杂啊。《金瓶梅》里最为“重口味”的第二十七回《李瓶儿私语翡翠轩　潘金莲醉闹葡萄架》里：

（潘金莲）问西门庆：“我去了这半日，你做甚么？恰好还没曾梳头洗脸哩！”西门庆道：“我等着丫头取那茉莉花肥皂来我洗脸。”金莲道：“我不好说的，巴巴寻那肥皂洗脸，怪不的你的脸洗的比人家屁股还白！”

这个“茉莉花肥皂”，显然也是香皂了。

明·吕文英《货郎图·春景》，货架上就有香皂丸出售。

前文提到，《红楼梦》中洗手时就出现了香皂，但是，同样是在《红楼梦》中，还有这样一个细节，第三十八回，湘云和宝钗请贾府女眷赏桂花吃螃蟹，凤姐“命小丫头们去取菊花叶儿、桂花蕊熏的绿豆面子来，预备洗手”，这个绿豆面子，显然是属于澡豆一类的；而清代另一部著名小说《儿女英雄传》第三十七回《志过铭嫌隙成佳话　合欢酒婢子代夫人》里则写到，丫鬟长姐为程师爷点了烟袋之后，觉得被沾染上的气味不佳，于是百般洗手：

原来他从方才点了那袋烟跑到后头去，屋子也不曾进，就蹲在那台阶儿上，扎煞着两只手，叫小丫头子舀了盆凉水来，先给他左一和右一和的往手上浇。浇了半日，才换了热水来，自己洇了又洇，洗了又洗，搓了阵香肥皂、香豆面子，又使了些个桂花胰子、玫瑰胰子。心病难医，自己洗一回又叫人闻一回，总疑心手上还有那股子气息，他自己却又不肯闻。直洗到太太打发人叫他，才忙忙的擦干了手上来。

这里，长姐连续用了几种不同的清洁用品，可见，在相当长的时间里，香肥皂、香豆面子、胰子等东西是并存使用的。但是，其档次价格却有不同，李渔就说：“用香皂浴身……皂之为物，亦有一种神奇，人身偶染秽物，或偶沾秽气，用此一擦，则去尽无遗。……皂之佳者，一浴之后，香气经日不散，岂非天造地设，以供修容饰体之用者乎？香皂以江南六合县出者为第一，但价值稍昂，又恐远不能致，多则浴体，少则止以浴面，亦权宜丰俭之策也。”（《闲情偶寄·熏陶》）看来，直到清代初期，香皂仍是属于比较昂贵的洁肤用品，一般人家还不能随心所欲地使用，所以李渔才提出仅以香皂浴面的“权宜丰俭”之计。

而到了清末，香皂就开始普及起来，西洋香皂也占据了很大市场，但传统之法制作的香皂仍存在。德龄《慈禧后私生活实录》第三十二回《太后的梳妆台》中记到：“太后所用的肥皂是并不怎样精良的，因为伊不喜欢用打外面买进来的东西，所以这些肥皂也是派几个太监给伊特地制下的。他们所用的原料是玫瑰花或茉莉花的汁，合上几种不知名的油类，冻成一块块花式不同的肥皂。这些肥皂的香味是很浓的，可是去垢涤污的力量却不见高明，伊老人家倒并不以为没用，很自满地永远使用着。伊对于肥皂这一种东西的知识，确比其余的一切洋货来得广一些，伊可以说出四五种西洋香皂的名称；我也曾给伊弄到了好几匣顶上等的法国香皂，伊虽也表示很乐用，可是总说它们的香味还不及伊自己制的好。”

以上这些都是传统的常规的洁面用品，但是，对于一向有着文人雅趣、追求诗意生活的古人来说，对于希望拥有或保有如花容颜的古代美女来说，这些还远远不够。所以，关于古代的洁面，还有许多传奇的东东呢。

晋代的卫玠（286—312），那是绝对的美男子，《晋书·卫玠传》说："（玠）年五岁，风神秀异……总角乘羊车入市，见者皆以为玉人，观之者倾都。"当他还是个五岁的小男孩时，每次外出就会引起满城轰动，路人竞相观之，以至于他二十七岁早逝时，被称为"看杀卫玠"。这个男人对自己的容颜也很是爱惜，洗脸所用的也并非寻平常澡豆，《说郛》卷三十一辑无名氏《下帷短牒》中载："卫玠盥面，用化玉膏及芹泥，故色愈明润，终不能枯槁。"这个"芹泥"是把芹菜捣成泥状吗？好像不是，因为古诗中，"芹泥"指的是燕子筑巢所用的草泥。唐杜甫《徐步》诗有云："芹泥随燕觜，花蕊上蜂须。"宋曹冠《踏莎行》也说："芹泥带湿燕双飞，杜鹃啼诉芳心怨。"难道"芹泥"更类似滋阴补气圣品燕窝？惜无从考证。化玉膏则更不知是何物了，当然也就不知道其配方如何。

另外一个有名的洁面秘方却流传了下来，即神仙玉女散，又名为"则天大圣皇后炼益母草面颜方""益母草泽面方"等，相传是武则天（624—705）专用的美颜秘方。她去世四十年后，唐代著名医家王焘（670—755）在他编纂的《外台秘要方》中记录了下来，《新修本草》《御药院方》《近效方》等古医书籍中也都有记载。《新唐书》载："（武则天）虽春秋高，善自涂泽，虽左右不悟其衰。"据说武则天八十岁的时候，还能保持年轻时的容貌，就是这个美容秘方的功劳。这种洁面品的具体做法是：每年农历五月五日端午节，采集根苗俱全的益母草（根上不能带一点土，否则就没有效果），暴晒干燥、粉碎，用罗纱做的筛子细箩，加入适量的面粉和水，调和成鸡蛋大小的丸子，晒干。用黄泥土制成炉子，四面各开一个小洞，把药丸放进炉子，点火烧制。最后炼出的药丸应该是色泽洁白细腻。药丸制好取出凉透，放入白瓷钵中，用玉锤（或鹿角锤）研粉，过细箩，再研，如此反复，粉越细越好，然后放入干燥的瓷瓶密藏。整个制作过程非常讲究，采药时间、药材品色、制药火候等等，都有非常严格的标准。当然其使用效果也是非常惊人的：“用此草每朝将以洗手面如用澡豆法，面上皯䵳及老人皮肤兼皱等，并展落浮皮，皮落着手上如白垢，再洗再有效，淳用此药已后欲和澡豆洗亦得，以意斟酌用之，初将此药洗面，觉面皮手滑润，颜色光泽，经十日许，特异于女面，经月余生血色，红鲜光泽，异于寻常；如经年久用之朝暮不绝，年四五十妇人，如十五女子。”（《外台秘要方》）想想看，能令五十岁的欧巴桑变得像十五岁的少女一样！

宋代也有一种神奇的洗面之膏——孙山少女膏。其制法在宋末元初陈元靓编撰的《事林广记》中亦有记载：“孙山少女膏：黄柏皮三寸，土瓜根三寸，大枣七个，同研细为膏，常早起化汤洗面用。旬日，容如少女。取以治浴，尤为神妙。”

元代《御药院方》中记载的一种宫廷洁面秘方“楮实散”，则是将楮实、土瓜根、商陆三味药物各等量研为粉末，每天早晨取少许和肥皂一起洗脸，也有润肤洁面、抗皱美容之效。这个秘方和孙山少女膏一样都用到了土瓜根，《肘后备急方》中说“土瓜根捣筛，以浆水和，令调匀，入夜，浆水以洗面，涂药，旦复洗之，百日光华射人，夫妻不相识”，它可以治疗脸上的小痘痘，使皮肤光滑滋润，用了一百天后，皮肤光彩照人到连老公都认不出你了，怎一个“神”字了得！——原来古人做广告的本事比现代人还要强大啊！

清代女画家席佩兰《屈宛仙像图》

“人面桃花相映红”，桃、李、杏、梅、荷……也许那娇艳的花容太像女人梦想中最完美的面色了，所以，花在中国古代女子的洁面中也是非常重要的材料。

崔林义之女春日以桃花和雪醭面的韵事一直流传着，“小桃洗面添光泽，未点胭脂已自红”（宋 · 徐似道），“醭面桃花有意开，光风转蕙日徘徊”（宋 · 毛滂《春词》），桃花仿佛生就是为醭面而开。“早梅初向雪中明，风惹奇香粉蕊轻。谁道落花堪醭面，竞来枝上采繁英”（五代 · 和凝《宫词》），梅花也可用于醭面；“浸得荷花水一盆，将来洗面漱牙根”（宋 · 杨万里《山居午睡起弄花三首》），荷花也可用于醭面……而且，其用法也不总是像现代玫瑰浴那么简单地将花瓣儿洒在水中，《普济方》中记载："桃花、杏花各一升，以东流水浸七日。相次洗面，三七遍，极妙。"这些花要在流水中浸泡七天以后才用于洗面，洗上三七二十一日，就可以治瘢点、去瘢痕。《外台秘要方》所记载的洗面药方，用到的花卉更多，用法也更复杂：要用桃花、木瓜花、棕花、樱桃花、白蜀葵花、白莲花、红莲花、李花、梨花、旋复花、蜀水花、丁香、青木香、钟乳粉、玉屑、珍珠等十八味，制作而成，"以洗手面，后作妆，百日面如玉，光润悦泽。"都只为如花美眷，抵挡那似水流年……

三

洁面之外，还有一种介于洁肤和护肤之间的美容品——面膜，在中国古代也是种类繁多，应用广泛。其中最有名的一种，也与桃花有关，叫做桃花红肤膏：

> （七月）七日取乌鸡血，和三月桃花末，涂面及身，二三日后，光白如素。（唐·韩鄂《四时纂要》）

每年农历三月采桃花，阴干后磨成粉末，七夕那天杀乌鸡取血，用乌鸡血和桃花粉调制成面膜敷脸及全身，两三天之后，皮肤就会光滑白皙得如绢如绸。据说这还是“太平公主（约665—713）秘法”呢。只是，想象公主两三天内满身血迹的模样……好吧，考虑到唐代红妆盛行，公主也许显得并没有那么另类……

宋代王怀隐、陈昭遇等编撰的《太平圣惠方》里，记载了不少我们今天称之为“睡眠面膜”（晚上敷上，清晨洗去的面膜）的配方，比如：

令面光白腻润，去皯黯面皱方。白芷（一两）、白蔹（一两）、白术（一两）、白附子（三分生用）、白茯苓（三分）、白芨（半两）、细辛（三分），右件药，捣罗为末。以鸡子白和为挺子，每挺如小指大，阴干，每夜净面了，用浆水于瓷器中磨汁，涂之极效。又方。白附子（半两）、杏仁（半两，汤浸去皮尖，研如膏）、香附子（半两）、白檀香（半两，锉）、紫苏香（半两，锉）、玛瑙（半两，细研）。右件药捣罗为末，以白蜜都和令匀。夜卧涂面，旦以温水洗之。又方。牡蛎（三两，烧为粉）、土瓜根（一两，末）。右件药都研令匀，以白蜜和。夜后涂面，旦以温浆水洗之。

治面黑无精光，令洁白滑润，光彩射人。……又方。雄黄（一两，细研）、朱砂（一分，细研）、白僵蚕（一两，捣末）、真珠末（半两）。右件药都研令匀，以面脂和胡粉一钱、入药末二钱，和搅令匀。夜卧涂之，旦以浆水洗面，良。

变颜容令怿泽方。白附子（一两，生用）、白芷（半两）、密陀僧（一两半）、胡粉（一两半）。右件药捣罗为末，以羊乳和之。夜卧涂面，旦以暖浆水洗之。不过三五度，即颜容红白光润。

能化面去皯黯，令光泽洁白方。真珠末（半两，细研）、朱砂（半两，细研）、冬瓜子仁（半两，研如膏）、水银（一两，以唾于掌内投令星尽）。右件药都研令极细，入水银同研令匀，以面脂调和为膏。每夜敷面，旦以浆水洗之。又方。大猪蹄（一枚），右以水二升、清浆水一升，煮令烂如胶。夜用涂面，晓以浆水洗之，面皮光急矣。

在博大精深的中医古籍里，能找到太多太多这样的配方了，每一款都令人怦然心动，跃跃欲试。

今天的女人为使脸部清洁干净，会采用“光子脱毛”，即用强脉冲光源对皮肤进行照射，光穿透皮肤直达毛囊根部，毛干和毛囊中的黑色素吸收并转化为热能，从而将脸上的汗毛除掉，使脸部皮肤更加光洁细腻。中国古代女子自然没有这种高科技了，但她们也有自己的方法对付影响美丽的汗毛，即开脸，又叫开容、剃脸、开面、卷面等，她们的工具非常简单，就是粉和线。脸部拍上粉，将一根线的一端用牙齿咬紧，另一端拿在右手里，用左手在线的中央绞成一个线圈贴紧肌肤，线不断地分合移动，像钳子一样将脸上的汗毛绞掉，完成后皮肤光滑细腻，也更容易上妆。开脸原本是婚嫁习俗，一般是女子临出嫁时才会进行的，后来，因为开脸后面部干净清爽，许多地方的女性日常也会定期开脸，把这当成了美容的一部分。

明清小说中对开脸多有描写，西周生的《醒世姻缘传》中写道“素姐开了脸，越发标致的异样”，《红楼梦》中香菱嫁给薛蟠之前，也“开了脸，越发出挑的标致了”，《儿女英雄传》也有

“连沐浴带更衣，连装扮带开脸，这些零碎事儿，索性都交给我”，可见明清时期开脸的普遍和流行。待嫁女子开脸一般都是请年高德望、福寿双全的长辈女性来完成，也有专门从事这项职业的“整容匠”，明凌濛初《二刻拍案惊奇》卷二十五《徐茶酒乘闹劫新人 郑蕊珠鸣冤完旧案》就叙述了这样一个由不良美容匠引起的血案：

> 却说直隶苏州府嘉定县有一人家，姓郑……生有一女，小名蕊珠，这倒是个绝世佳人，真个有沉鱼落雁之容，闭月羞花之貌。许下本县一个民家姓谢，是谢三郎，还未曾过门。这个月里拣定了吉日，谢家要来取去。三日之前，蕊珠要整容开面，郑家老儿去唤整容匠。元来嘉定风俗，小户人家女人篦头剃脸，多用着男人。

谁知郑家唤来的这个整容匠，却不是好人：

> 其时有一个后生，姓徐名达，平时最是不守本分，心性奸巧好淫，专一打听人家女子，那家生得好，那家生得丑。因为要像心看着内眷，特特去学了那栉工生活，得以进入内室。……此时郑家就叫他与女儿蕊珠开面。徐达带了篦头家伙，一径到郑家内里来。蕊珠做女儿时节，徐达未曾见一面，而今却叫他整容，煞是看得亲切。徐达一头动手，一头觑玩，身子如雪狮子向火，看看软起来……

徐达一见蕊珠即心生邪念，后来终于借做婚礼傧相之机，将蕊珠骗出家门，因后面有人追赶，便将蕊珠藏入枯井，自己被抓住见官。大家来到井里寻找新娘，却只发现了一个大胡须男子的尸体。原来蕊珠在井中呼救，被两个河南客商赵申、钱巳发现，二人救人的过程中，钱巳见是个美貌女子，就起了独吞财物和美女之心，将赵申害死在井中，把蕊珠带回了家。直到蕊珠状告到官，真相方才大白。钱巳问成死罪。小说结尾，作者评论道："为这事坏了两条性命，其祸皆在男人开面上起的。所以内外之防，不可不严也。男子何当整女容？致令恶少起顽凶。"将血案的缘起归结在了男子为女人开脸上。

民国间汪翰编辑的《家庭宝鉴日用秘笈秘述海·闺阁助妆门》中还引用了这样一则"去面上毫毛不用线法"："妇女界用线拔扯面上毫毛，在乡妇或不觉感其不便，在大家闺妇细皮嫩肉者，未免不胜其辣燥。兹见《夷门广牍》载一法：以石礦三钱，石灰二钱，冰片三分，共研极细，用水调匀，临卧时敷面上，次晨洗去，则毛尽去，真奇方也。"为了避免开脸时的疼痛，原来还有这种化学方法，只是想想石灰敷在

明·黄花梨木雕花高面盆架

清·广珐琅八宝纹面盆

脸上，有点怕怕呢。

最后，关于洗脸，还想讲一个洗脸器具的故事。洗脸所用，就是洗脸盆了。朱门柴扉，所用器物当然也有材质上的差异，或金或玉或银或铜，或瓦或瓷或木或竹。只是有时候，玉碎，瓦全。历史上著名的多情才子帝王李煜，有一个非常宠信的大臣张洎(933—997)，此人是南唐进士，风仪洒落，文采清丽，累迁礼部员外郎，“参预机密，恩宠第一”，《宋史·张洎传》记载：“煜宠洎，不欲离左右，授职内殿，中外之务一以谘之。每兄弟宴饮，作妓乐，洎独得预。为建大第宫城东北隅，及赐书万余卷。煜尝至其第，召见妻子，赐予甚厚。”君臣甚是相得。宋开宝八年(975)，赵匡胤不能忍受卧榻之侧有人安睡，遂灭南唐，李煜、张洎君臣一起做了阶下囚。但张洎很快得到新主子的青睐，对李煜，也就换了面孔。昔日锦上添花，今日于雪中非但不送炭，反而风刀霜剑严相逼起来："李煜既归朝，贫甚，洎犹丐索之。煜以白金頮面器与洎，洎尚未满意。"这个"頮面器"，就是洗脸盆，李煜将自己的白金洗脸盆都送了出去，尚不能满足奸人的贪婪。其实，亡国之君，砧板鱼肉，连自己的性命、妻子的贞洁尚不能保全——他的妻子小周后，据说被太宗赵光义多次强留宫中，明人沈德符《万历野获编》记载："宋人画《熙陵幸小周后图》，太宗戴幞头，面黔色而体肥，周后肢体纤弱，数宫人抱持之，周后作蹙额不胜之状。"——又何况一个小小的洗脸盆呢。而此时，曾经"刬袜步香阶，手提金缕鞋"（李煜《菩萨蛮》）的小周后，早已是洗面以泪了。

《千金方》洗面方选

唐·孙思邈

五香散，治皯疱黡䵟，黑运赤气，令人白光润方。毕豆四两，黄芪、白茯苓、萎蕤、杜若、商陆、大豆黄卷各二两，白芷、当归、白附子、冬瓜仁、杜蘅、白僵蚕、辛夷仁、香附子、丁子香、蜀水花、旋覆花、防风、木兰、芎䓖、藁本、皂荚、白胶、杏仁、梅肉、酸浆、水萍、天门冬、白术、土瓜根各三两，猪胰二具（曝干）。上三十二味下筛，以洗面，二七日白，一年与众别。

洗手面，令白净悦泽，澡豆方。白芷、白术、白鲜皮、白蔹、白附子、白茯苓、羌活、萎蕤、栝楼子、桃仁、杏仁、菟丝子、商陆、土瓜根、芎䓖各一两，猪胰两具（大者，细切），冬瓜仁四合，白豆面一升，面三升（溲猪胰为饼，曝干捣筛）。上十九味合捣筛，入面、猪胰拌匀，更捣，每日常用，以浆水洗手面，甚良。

治面黑不净，澡豆洗手面方。白鲜皮、白僵蚕、芎䓖、白芷、白附子、鹰屎白、甘松香、木香各二两（一本用藁本），土瓜根一两（一本用甜瓜子），白梅肉三七枚，大枣三十枚，麝香二两，鸡子白七枚，猪胰三具，杏仁三十枚，白檀香、白术、丁子香各三两(一本用细辛),冬瓜仁五合,面三升。上二十味,先以猪胰和面,曝干,然后合诸药捣末,又以白豆屑二升为散。旦用洗手面,十日色白如雪,三十日如凝脂,神验。

洗面药,澡豆方。猪胰五具(细切),毕豆面一升,皂荚二挺,栝楼实三两(一方不用),萎蕤、白茯苓、土瓜根各五两。上七味捣筛,将猪胰拌和,更捣令匀。每旦取洗手面,百日白净如素。

洗面药方。白芷、白蔹、白术、桃仁、冬瓜仁、杏仁、萎蕤各等分,皂荚倍多。上八味,绢筛,洗手面时即用。

洗面药,除鼾䵳悦白方。猪胰两具(去脂),豆面四升,细辛、白术各一两,防风、白蔹、白芷各二两,商陆三两,皂荚五挺,冬瓜仁半升。上十味和土瓜根一两,捣,绢罗,即取大猪蹄一具,煮令烂作汁,和散为饼,曝燥,更捣为末,罗过,洗手面,不过一年,悦白。

澡豆,治手干燥少润腻方。大豆黄五升,苜蓿、零陵香子、赤小豆各二升(去皮),丁香五合,麝香一两,冬瓜仁、茅香各六合,猪胰五具(细切)。上九味细捣,罗,与猪胰相和,曝干,捣,绢筛,洗手面。

澡豆方。白芷、青木香、甘松香、藿香各二两,冬葵子(一本用冬瓜仁)、栝楼仁各四两,零陵香二两,毕豆面三升(大豆黄面亦得)。上八味捣筛,用如常法。

桃仁澡豆，主悦泽，去皯黯方。桃仁、芜菁子各一两，白术六合，土瓜根七合，黑豆面二升。上五味合和，捣筛，以醋浆水洗手面。

澡豆，主手干燥常少润腻方。猪胰五具（干之），白茯苓、白芷、藁本各四两，甘松香、零陵香各二两、白商陆五两，大豆末二升（绢下），蒴藋灰一两。上九味为末，调和讫，与猪胰相和，更捣令匀。欲用，稍稍取以洗手面，八九月则合冷处贮之，至三月以后勿用，神良。

面药香随钿合开

京都幼伶，每曲部俱十余人，习戏不过二三折，务求其精，杂以诙谐，故名噪甚易，至眉目美好，皮肤洁白，则另有术焉……晨兴，以淡肉汁洗面，饮以蛋清汤，肴馔亦极浓，夜则药敷遍体，惟留手足不涂，云泄火毒，三四月后，婉变如好女，回眸一顾，百媚横生，虽惠鲁亦不免消魂矣……

这是清人采蘅子在《虫鸣漫录》卷一里，提到的当时北京梨园调教幼伶美肤的方法，大抵以食疗为主，佐以药物护肤。这些幼伶身为男性，为在舞台上扮演好千娇百媚的女性角色，尚且要追求“眉目美好，皮肤洁白”，那对女子来说呢？护肤当然更是美丽事业中头等大事了。李渔曾云：“妇人妩媚多端，毕竟以色为主。《诗》不云乎？‘素以为绚兮’。素者，白也。妇人本质，惟白最难。常有眉目口齿般般入画，而缺陷独在肌肤者。……肌肤之细而嫩者，如绫罗纱绢，其体光滑，故受色易，退色亦易，稍受风吹，略经日照，则深者浅而浓者淡矣。粗则如布如毯，其受色之难，十倍于绫罗纱绢，至欲退之，其工又不止十倍，肌肤之理亦若是也。”（《闲情偶寄·声容部·选姿第一·肌肤》）在他看来，细嫩洁白的皮肤如同上好的绫罗绸缎，妆容正是锦上添花；而粗糙的肌肤呢，就令人作难了。所谓“手如柔荑，肤如凝脂”

（《诗·卫风·硕人》），“春寒赐浴华清池，温泉水滑洗凝脂”（唐·白居易《长恨歌》），春秋、盛唐直到如今，女子的妆容固然是千变万化，潮起潮落，但皮肤的细腻、洁白、柔润，却是她们千年不变的追求，而肤若凝脂（凝脂，即凝固的油脂、脂肪），则是这追求的最高境界。

中国古代最基础的护肤品也被称为面脂，指滋润皮肤的油脂，另外，还有许多护肤品具备美白、抗皱、防裂、消痘等等药用功效，故又称面药。“面脂”与“面药”两词指称护肤品，有时可以通用；有时，“面药”则更倾向于“药”的性质，指治疗不同种类皮肤疾病的药物。

《太平御览》引《广志》曰："面脂，魏兴以来始有之。"实际上，汉刘熙《释名·释首饰》中就说："脂，砥也，着面柔滑如砥石也。"汉史游《急就篇》"脂"条，唐颜师古注曰："脂谓面脂及唇脂，皆以柔滑腻理也。"可见，早在汉代，人们已经开始使用面脂了。

北魏贾思勰《齐民要术·种红蓝花栀子》已经对面脂的制作方法有了详细的记载："合面脂法，用牛髓。牛髓少者，用牛脂和之；若无髓，空用脂也得也。温酒浸丁香、藿香二种，煎法同合泽，亦着青蒿以发色。绵滤，着瓷漆盏中令凝。""箱中剪尺冷，台上面脂凝"（南朝梁·刘缓《寒闺》），面脂一直是中国古代女子妆台上的必不可少之物。

"口脂面药随恩泽，翠管银罂下九霄"（唐·杜甫《腊日》），"日冷天晴近腊时，玉街金瓦雪澌澌。浴堂门外抄名入，公主家人谢

清・康涛《华清出浴图》

面脂。”（唐 · 王建《宫词》）到唐代，朝廷甚至将面脂作为冬日必备的劳保用品赏赐给百官，《唐书 · 百官志》就有记载：“腊日献口脂、面脂、头膏及衣香囊，赐北门学士，口脂盛以碧缕牙筒。”这种赏赐有固定的日子——“腊日”，即古时腊祭之日，为农历十二月初八，就是我们现在还要喝腊八粥的日子了。对于朝廷的恩典，官员们当然不能无所表示，上表谢恩者有之，作诗纪念者有之。唐 · 刘禹锡《代谢历日面脂口脂表》曰：“中使霍子璘至，奉宣圣旨……兼赐臣墨诏及贞元十七年新历一轴、腊日面脂、口脂、红雪、紫雪并金花银合二……雕奁既开，珍药斯见，膏凝雪莹，含液腾芳，顿光蒲柳之容，永去疠疵之患。”

需要说明一下的是，上面提到的红雪、紫雪等，有研究者引“李时珍《本草纲目 · 石部》：‘唐时，腊日赐群臣紫雪、红雪、碧雪’”，认为是唐代“不同色彩的面脂”，并解释说“紫雪，因制作时加入紫色素，故名；红雪，因制作时加入红色素，故名；还有碧雪，因制作时加入绿色素，故名”，由此得出唐代护肤品色彩丰富的结论。实际上，恰恰是在《本草纲目》卷十一“附方”里，李时珍详细介绍了紫雪、红雪、碧雪三副中药的功效和配方：“紫雪：疗伤寒温疟，一切积热烦热，狂易叫走，瘴疫毒疠……红雪：治烦热，消宿食，解酒毒，开三焦，利五脏，除毒热，破积滞，治伤寒狂燥、胃烂发狂……碧雪：治一切积热，天行时疾，发狂昏愦，或咽喉肿塞、口舌生疮、心中烦燥……”因此，这几个好听的名字，应该是当时常用的药物，而并非美丽的彩色面脂。这也与刘禹锡文中“珍药斯见”“永去疠疵之患”相合。

但是，唐时面脂的种类确实非常丰富，配方各式各样，具有不同功效。唐代医圣孙思邈《千金翼方·妇人面药第五》曰：“面脂手膏，衣香藻豆，仕人贵胜，皆是所要。然今之医门极为秘惜，不许子弟泄漏一法，至于父子之间亦不传示。然圣人立法，欲使家家悉解，人人自知。岂使愚于天下，令至道不行？壅蔽圣人之意，甚可怪也。”他有感于面药知识的被垄断，因此将自己掌握的配方全部公之于众，于医书中专辟“面药”和“妇人面药”二篇，集中罗列了一百三十余种美容秘方，面脂面药中基本款的比如：

面脂（主面及皴黡黑皯，凡是面上之病，悉皆主之方）：丁香十分，零陵香、桃仁（去皮）、土瓜根、白蔹、白芨、栀子花、沉香、防风、当归、辛夷、麝香（研）、芎䓖、商陆各三两，白芷、葳蕤、菟丝子、甘松香、藿香各十五分，蜀水花、青木香各二两，茯苓十四分，木兰皮、藁本、白僵蚕各二两半，冬瓜仁四两，鹅脂、羊髓各一升半，羊肾脂一升，猪胰六具，清酒五升，生猪肪脂三大升。上三十二味，切，以上件挼猪胰汁，渍药一宿于脂中，以炭火煎三上三下，白芷黄，绵滤贮器中，以涂面。

又如：

杏仁二升，去皮尖；白附子三两；密陀僧二两，研如粉；

生白羊髓二升半；真珠十四枚，研如粉；白鲜皮一两；鸡子白七枚；胡粉二两，以帛四重裹，一石米下蒸之，熟下阴干。上八味，以清酒二升半，先取杏仁盆中研之如膏。又下鸡子白研二百遍。又下羊髓研二百遍，捣筛诸药纳之，研五百遍至千遍，弥佳。初研杏仁，即少少下酒薄，渐渐下使尽药成，以指捻，看如脂，即可用也。草药绢筛直取细如粉，佳。

上两种是比较普通的面脂，还有可以掺在普通面脂中强化效果的面药：

朱砂（研）、雄黄（研）、水银霜各半两，胡粉二团，黄鹰屎一升。上五味合和，净洗面，夜涂之。以一两药和面脂，令稠如泥，先于夜欲卧时，澡豆净洗面，并手干拭，以药涂面，厚薄如寻常涂面厚薄，乃以指细细熟摩之，令药与肉相入，乃卧，一上经五日五夜，勿洗面，止就上作妆即得，要不洗面。至第六夜洗面涂，一如前法。满三度洗更不涂也，一如常洗面也，其色光净，与未涂时百倍也。

其他中医药书中也记载有唐代品目众多的面脂面药。如唐·韩鄂《四时纂要》记载的太平公主秘方面药：“（七月）七日取乌鸡血，和三月桃花末，涂面及身，二三日后，光白如素。”至于三千宠爱在一身的杨贵妃，她的美容秘方更是被不断“揭秘”，如“太真（杨贵妃）红玉膏：杏仁去皮、滑石、轻粉各等份为末，蒸过，入脑麝少许，以鸡子清调匀，早起洗面毕傅之，旬日后，色如红玉。”

唐·周昉《簪花仕女图》

（宋·陈元靓《事林广记·合集》）又如“杨妃令面上生光方：蜜陀僧如金色者一两，研绝细，用乳或蜜调如薄糊，每夜略蒸，带热敷面，次早洗去。半月之后面如玉镜生光，兼治渣鼻。唐宫中第一方者，出《天宝遗事》”。

“宝奁常见晓妆时，面药香融傅口脂”（宋·赵长卿《瑞鹧鸪》），“蜀丝趁日染乾红，微暖面脂融”（宋·周邦彦《月中行》），“欢罢卷帘时，玉纤匀面脂”（宋·贺铸《菩萨蛮》），宋代女子所用的护肤品在前代的基础上又有进一步发展。宋人袁褧撰写而由其子袁颐续写的《枫窗小牍》对于当时京城女性的时尚发型、服饰等记录道：

汴京闺阁妆抹凡数变。崇宁间，少尝记忆作大髻方额。政宣之际，又尚急扎垂肩。宣和以后，多梳云尖巧额，髩撑

金凤，小家至为剪纸衬发，膏沐芳香，花靴弓履，穷极金翠，一袜一领，费至千钱。今闻敌中闺饰复尔，如瘦金莲方、莹面丸、遍体香，皆自北传南者。

这里提到的"莹面丸"，就是宋代女子流行的一种面部护肤品，可惜袁氏父子没有留下更详细的记载，更不用说配方了。但北宋政和年间（1111—1118），由宋徽宗赵佶诏令征集、圣济殿御医整理汇编而成的《圣济总录》里，却记录了不少相似的面药，比如：

白瓜子丸方：白瓜子（炒令黄）二两，本（去苗土）、远志（去心）、杜蘅、车前子（炒）、白芷、当归（切焙）、云母粉各一两，天门冬（去心焙）二两，细辛（去苗叶）、陈橘皮（汤浸去白，炒）、柏子仁、栝蒌根、铅丹各半两，白石脂一分。

宋·王诜《绣栊晓镜图》

上一十五味，捣研为细末，炼蜜为丸，如梧桐子大，每服二十丸，温酒下，早晚食后服治面，涂之能令光润。

这个配方里用到了栝蒌，栝蒌，又称栝楼、果裸等，《诗·豳风·东山》就有“果裸之实，亦施于宇”，是一种多年生草本植物，中医可以用来做镇咳祛痰药，但女子们却充分发挥了它的另一种功效：美容。宋代契丹妇女就用栝蒌作护肤、化妆品，南宋庄季裕《鸡肋编》中有载：“其家仕族女子，……冬月以栝蒌涂面，谓之佛妆。但加傅而不洗，至春暖方涤去，久不为风日所侵，故洁白如玉也。”

再如，宋王怀隐、陈昭遇等编著的《太平圣惠方》里，也有据称功效神奇的护肤面方，如能“令百岁老人面如少女，光泽洁白”的鹿角膏：“鹿角霜二两，牛乳一升，白蔹一两，芎䓖一两，细辛一两，天门冬一两半，去心一两（汤浸去皮），上件药捣罗为末，入杏仁膏，研令匀，用牛乳及酥，于银锅内以慢火熬成膏。每夜涂面，令面光白腻润。”此膏主要用于夜间美容，相当于今天的晚霜。

这类美容的方子在中医古籍中随处可见，到明代，李时珍《本草纲目》中介绍了多种中药的美容功效，略选几种常见的如下：

栝蒌实，去手面皱，悦泽人面。同杏仁、猪胰研涂，令人面白。

土瓜根，面黑面疮，为末夜涂，百日，光采射人。

半夏，面上黑气，焙研醋调涂。

冬瓜仁、叶、瓤，并去皯黯，悦泽白晰。仁，为丸服，面白如玉；服汁，去面热。

李花、梨花、木瓜花、杏花、樱桃花，并入面脂，去黑皯皱皮，好颜色。

桃花，去雀斑，同冬瓜仁研，蜜涂；粉刺如米，同丹砂末服，令面红润；同鸡血涂身面，光华鲜洁。

真珠，和乳敷面，去皯，润泽。

蜂子，炒食，并浸酒涂面，去雀斑面疱，悦白。

猪蹄，煎胶，涂老人面。

鹿角，磨汁涂面，光泽如玉。胃，酿酒饮，肥白。

这些中药有的是单独使用，有的则掺加在常用的普通面脂中，便有令人惊喜的效果。除了医学家总结出来的验方，其实古代女子也有自己的创造，比如著名的后宅斗士潘金莲，因“前日西门庆在翡翠轩夸奖李瓶儿身上白净，就暗暗将茉莉花蕊儿搅酥油定粉，把身上都搽遍了。搽的白腻光滑，异香可掬……”（《金瓶梅》第二十九回）

清代的护肤品分类更为细致，比如京城的桂林轩香雪堂，为自己的主打产品“金花沤子”作宣传时，就有这样一首诗：“沤号金花第一家，法由内造定无差。修容细腻颜添润，搽面温柔艳更华。冽口皴皮皆善治，开纹舒绉尽堪夸。只宜冬令随时用，夏卖鹅胰分外嘉。”这种金花沤子润肤美白，防裂抗皱，“只宜冬令随时用”，即适合冬季使用。沤子是一种润肤的油脂香蜜，可用于手部和面部。《红楼梦》第五十四回：“只见那两个小丫头一个捧着个小盆，又一个搭着手巾，又拿着沤子小壶儿，在那里久等……宝玉洗了手，那小丫头子拿小壶倒了些沤子在他手内，宝玉沤了。”清·钱谦益《经筵记事》诗也有：“侍臣身在垆烟里，颁赐何烦沤手香。”自注曰：“展书官，内府颁赐沤手香。今不可得矣。”

金花沤子号称“法由内造”，即出自宫廷，而此时，真正身在宫廷的慈禧太后，护肤的程序是这样的：

在早上，只要伊老人家一走下床来，便有一个太监会捧着一盂特地熬就的脂油，恭恭敬敬地走近伊面前去，这种脂油却和人家用在饮食里面的不同，比较稀薄一些，中间也有花露掺和着，所以是很香的。太后就用自己的手指在那盂内轻轻地挑起了几许来，涂在掌上，让它渐渐溶化了，才涂到脸上去，简直是满脸全涂到。但伊并不胡乱的涂抹，总是非常小心的从事着。这一种脂油涂上去的意思是要消除昨晚所涂的那一重花液，所以必须满脸全涂到，而且还得静静地等上十数分钟，才用一方最柔软的毛巾把油一起抹掉，接下去便是敷粉和涂胭脂了。这一套手续是永远不会变化的，像学校里规定的课程一样。(《慈禧后私生活实录》第三十二回《太后的梳妆台》)

这是早上的护肤，晚上的程序则是先用蛋清作面膜，再将蛋清用香皂和清水洗去：

接着便得另外搽上一种液汁，这种液汁也是太后自己所发明的。它的制法如下：制造的手续是并不怎样繁复的，只是那一套用具却很特别。它的构造的意义大致和现代的蒸馏器相同，全部是铜制的，一排共是三个圆筒：第一个圆筒里面是安着少许的水和酒精，下面用不很猛烈的火焰蒸着，于

> 是那酒精和水所蒸发成了的水汽便打一根很细的铜管里流往第二个圆筒里去，这第二个圆筒内是满装着许多的耐冬花，下面也燃着火，待第一个圆筒内流来的汽水，再合着这些耐冬花蒸煮上一会之后，自然又蒸发成一种水汽，这种水汽便打另外一支细铜管中流进了第三个圆筒中去。这时候所得的水汽，已是酒精、水和耐冬花三者所混合成的精液了，而且是充满着一股花香，像我们所习用的香水精差不多。又因蒸煮它很费工夫，不能不预先积储若干，以便太后每晚敷用。这种液汁据说是富于收敛性的，它能使太后脸上方才已经鸡子清绷得很紧的一部分的皮肤重复宽弛起来，但又能使那些皱纹不再伸长或扩大，功效异常伟大，因此每晚太后在上床以前所做的最末的一件事，便是搽抹这种花液。

这种花液已经与现在的化妆水、精华水之类非常相似了呢！

“红脸如开莲，素肤若凝脂”（唐·武平一《杂曲歌辞·妾薄命》），即使可以用脂粉调出姣好的肤色，可是，哪个女人不希望自己的肌肤真能如PS过一样宛若凝脂呢？

《千金方》面方选

唐 · 孙思邈

治面无光泽，皮肉皴黑，久用之令人洁白光润，玉屑面膏方。玉屑细研，芎䓖、土瓜根、萎蕤、桃仁、白附子、白芷、冬瓜仁、木兰、辛夷各一两，菟丝子、藁本、青木香、白僵蚕、当归、黄芪、藿香、细辛各十八铢，麝香、防风各半两，鹰屎白一合，猪胰三具（细切），蜀水花一合，白犬脂、鹅脂、熊脂各一升、商陆一两、猪肪脂一升。上二十八味，先以水浸猪鹅犬熊脂，数易水，浸令血脉尽乃可用，㕮咀诸药，清酒一斗渍一宿，明旦生擘猪鹅等脂安药中，取铜铛于炭火上，微微煎，至暮时乃熟，以绵滤，置瓷器中，以敷面。仍以练系白芷片，看色黄，即膏成，其猪胰取浸药酒，挼取汁，安铛中，玉屑、蜀水花、鹰屎白、麝香末之，膏成，安药中，搅令匀。

面脂，主悦泽人面、耐老方。白芷、冬瓜仁各三两，萎蕤、细辛、防风各一两半，商陆、芎䓖各三两，当归、藁本、蘼芜、土瓜根（去皮）、桃仁各一两，木兰皮、辛夷、甘松香、麝香、白僵蚕、白附子、栀子花、零陵香各半两，猪胰三具（切，水渍六日，欲用时，以酒挼取汁渍药）。上二十一味，薄切，绵裹，以猪胰汁渍一宿，平旦以煎，猪脂六升，微火三上三下，白芷色黄，膏成，去滓，入麝，收于瓷器中，取涂面。（炼脂法：凡合面脂，先须知炼脂法，以十二月买极肥大猪脂，水渍七八日，日一易水，煎取清脂没水中，炼鹅熊脂，皆如此法。）

玉屑面脂方。玉屑、白附子、白茯苓、青木香、萎蕤、白术、白僵蚕、蜜陀僧、甘松香、乌头、商陆、石膏、黄芪、胡粉、芍药、藁本、防风、芒硝、白檀各一两，当归、土瓜根、桃仁、芎䓖各二两，辛夷、桃花、白头翁、零陵香、细辛、知母各半两，猪脂一升，羊肾脂一具，白犬脂、鹅脂各一合。上三十三味，切，以酒、水各一升，合渍一宿，出之，用铜器微火煎，令水气尽，候白芷色黄，去滓，停一宿，旦以柳枝搅白，乃用之。

令黑者皆白，老者皆少方。玉屑、寒水石、珊瑚、芎䓖、当归、土瓜根、菟丝、藁本、辛夷仁、细辛、萎蕤、商陆、白芷、防风、黄芪、白僵蚕、桃仁、木兰皮、藿香、前胡、蜀水花、桂心、冬瓜仁、半夏、白蔹、青木香、杏仁、蘼芜、芒硝、旋覆花、杜蘅、麝香、白茯苓、秦椒、白头翁、矾石、秦皮、杜若、蜀椒、芜菁子、升麻、黄芩、白薇、栀子花各六铢，栝楼仁一两，熊脂、白狗脂、牛髓、鹅脂、羊髓各五合，清酒一升，鹰屎白一合，丁香六铢、猪肪脂一升。上五十四味㕮咀，酒渍一宿，纳脂等合煎，三上三下，酒气尽，膏成，绞去滓，下麝香末，一向搅至凝，色变止，瓷器贮，勿泄气。

面脂，治面上皴黑，凡是面上之疾，皆主之方。丁香、零陵香、桃仁、土瓜根、白蔹、防风、沉香、辛夷、栀子花、当归、麝香、藁本、商陆、芎䓖各三两，萎蕤（一本作白及）、藿香（一本无）、白芷、甘松香各二两半，菟丝子三两，白僵蚕、木兰皮各二两半，蜀水花、青木香各二两，冬瓜仁四两，茯苓三两，鹅脂、羊肾脂各一升半，羊髓一升，生猪脂三大升。上二十九味㕮咀，先以美酒五升，挼猪胰六具，取汁，渍药一宿，于猪脂中，极微火煎之，三上三下，白芷色黄，以绵一大两纳生布中，绞去滓，入麝香末，以白木篦搅之，至凝乃止，任性用之，良。

面膏，去风寒，令面光悦，却老去皱方。青木香、白附子、芎䓖、白蜡、零陵香、香附子、白芷各二两，茯苓、甘松各一两，羊髓一升半（炼）。上十味㕮咀，以水、酒各半升，浸药经宿，煎三上三下，候水、酒尽，膏成，去滓。敷面作妆，如有皯䵟皆落。

令人面白净悦泽方。白蔹、白附子、白术、白芷各二两，藁本三两，猪胰三具（水渍去汁尽，研）。上六味，末之，先以芜菁子半升，酒、水各半升，相和，煎数沸，研如泥，合诸药，纳酒、水中，以瓷器贮，封三日。每夜敷面，旦以浆水洗之。

猪蹄浆，急面皮，去老皱，令人光净方。大猪蹄一具，净治如食法，以水二升，清浆水一升不渝，釜中煮成胶，以洗手面。又以此药和澡豆，夜涂面，旦用浆水洗，面皮即急。

白面方。牡蛎三两，木瓜根一两。上二味，末之，白蜜和之，涂面，即白如玉，旦以温浆水洗之，慎风日。

鹿角散，令百岁老人面如少女，光泽洁白方。鹿角（长一握），牛乳二升，芎䓖、细辛、天门冬、白芷、白附子、白术、白蔹各三两，杏仁二七枚，酥三两。上十一味，㕮咀，其鹿角先以水渍一百日，出与诸药纳牛乳中，缓火煎，令汁尽，出角，以白练袋贮之，余药勿取，至夜取牛乳，石上摩鹿角，取涂面，旦以浆洗之。无乳，小便研之亦得。

令人面洁白悦泽，颜色红润方。猪胰五具，芜菁子二两，栝楼子五两，桃仁三两。上四味，以酒和，熟捣，敷之，慎风日。又方。采三株桃花，阴干，末之。空心饮服方寸匕，日三，并细腰身。

盈盈淡粉晓妆新

杭州范某娶再婚妇，年五十余，齿半落矣。奁具内橐橐有声，启视，则匣装两胡桃，不知其所用，以为偶遗落耳。次早，老妇临镜敷粉，两颊内陷，以齿落故，粉不能匀。呼婢曰：『取我粉楦来。』婢以胡桃进，妇取含两颊中，扑粉遂匀。杭人从此戏呼胡桃为『粉楦』。

这是清代袁枚的笔记小说《新齐谐》（又名《子不语》）中的一则小故事，题为《粉楦》。尽管袁大才子以倡导性灵、尊重个性而为后人所称道，但对这个“年五十余”而再嫁的女子，他于字里行间仍不免流露出了一丝戏谑之意，不过他的笔倒真是极好的，一个“临镜敷粉”，便画出了一个女人经历第二春的认真和喜悦。一个小小的“粉楦”，体现着她的智慧和创造力，隐约还有她一直以来的生活姿态——这，应该是一个绝对不会辜负自己的女人。

一

傅粉，正是中国古代女性正式上妆的第一步。追寻粉之起源，有许多不同的说法。如大禹造粉（宋代类书《太平御览》）、纣烧铅锡作粉（晋代张华《博物志》）、萧史造粉（五代后唐马缟《中华古今注》）等等。但大都是后人的小说家言，并未见诸当时人的记载。不过，至少在战国时期，女人们就开始使用妆粉了。这一点，无论是《楚辞 · 大招》“粉白黛黑，施芳泽只”，还是宋玉极力铺陈的东家之子“着粉则太白，施朱则太赤”（《登徒子好色赋》），都可以证明。到秦汉时期，《急就篇》（西汉 · 史游著）卷三的“芬熏脂粉膏泽筩”，更可见此时脂粉之广泛普及，因为《急就篇》可是当时的儿童识字书呢。而颜师古就此句注释曰：“粉，谓铅粉及米粉，皆以傅面取光洁也。”则道出了古代妆粉的两个种类——米粉和铅粉。

《说文解字》曰：“粉，傅面者也，从米分声。”米粉是最古

新疆民丰大沙漠一号东汉墓出土刺绣粉袋

老的妆粉，不过其制作方法，并非直接将米捣碎成粉那么简单，北魏·贾思勰《齐民要术》卷五记载最详：

作米粉法：粱米第一，粟米第二。（必用一色纯米，勿使有杂。）臼使甚细，（简去碎者。）各自纯作，莫杂余种。（其杂米 糯米、小麦、黍米、棒米作者，不得好也。）于木槽中下水，脚踏十遍，净淘，水清乃止。大瓮中多着冷水以浸米。（春秋则一月，夏则二十日，冬则六十日。唯多日佳。）不须易水，臭烂乃佳。（日若浅者，粉不润美。）日满，更汲新水，就瓮中沃之，以手杷搅，淘去醋气，多与遍数，气尽乃止。稍稍出着一砂盆中熟研，以水沃，搅之。接取白汁，绢袋滤着别瓮中。粗沉者更研，水沃，接取如初。研尽，以杷子就瓮中良久痛抨，然后澄之。接去清水，贮出淳汁，着大盆中，以杖一向搅（勿左右回转）三百余匝，停置，盖瓮，勿令尘污。良久，清澄，以杓徐徐接去清，以三重布帖粉上，以粟糠着布上，糠上安灰；灰湿，更以干者易之，灰不复湿乃止。然后削去四畔粗白无光润者，别收之，以供粗用。（粗粉，米皮所成，故无光润。）其中心圆如钵形，酷似鸭子白光润者，名曰“粉英”。（粉英，米心所成，是以光润也。）无风尘好日时，舒布于床上，刀削粉英如梳，曝之，乃至粉干足。手痛挼勿住（痛挼则滑美，不挼则涩恶）。拟人客作饼及作香粉，以供妆摩身体。

作香粉法：唯多着丁香于粉盒中，自然芬馥。（亦有捣香末绢筛和粉者，亦有水没香以香汁溲粉者，皆损色又费香，不如全着盒中也。）

工序还是蛮复杂的吧。“其中心圆如钵形，酷似鸭子白光润者”，所谓“鸭子”，就是鸭蛋，明清时期流行的鸭蛋粉大概就是由这里发源的。这种米粉，称得上是“纯天然无污染”了，而且，如同淘米水洗脸一样，应该也有改善肤质的功效呢。

和米粉相比，另一种妆粉——铅粉的来历就比较传奇啦。铅粉，又被称为锡粉、水粉、胡粉、白粉、铅华等。元伊世珍《琅嬛记》引《采兰杂志》曰：“黄帝炼成金丹，炼余之药汞，红于赤霞，铅白于素雪。宫人以汞点唇，则唇朱，以铅傅面，则面白，洗之不复落矣。后世效之以施脂粉，极其可笑。”崔豹《古今注》曰：“纣烧铅为粉，名曰胡粉，又名铅粉。萧史炼飞雪丹，与弄玉涂之，后因曰铅华，曰金粉。今水银腻粉是也。”宋人高承《事物纪原·冠冕首饰·轻粉》也说：“《实录》：萧史与秦穆公炼飞云丹，第一转与弄玉涂之名曰粉，即轻粉也，此盖其始也。”两书都提到了萧史为弄玉作粉的轶事。传说中，“萧史善吹箫，作鸾凤之响。秦穆公有女弄玉，善吹笙，公以妻之，遂教弄玉作凤鸣。居十数年，凤凰来止。公为作凤台，夫妇止其上。数年，弄玉乘凤、萧史乘龙去。”（《列仙传拾遗》）这位擅长吹箫的萧史为秦穆公（？—前621）炼丹，第一炉炼出的白粉，就叫做轻粉，也就是铅粉。当然，这都是美丽的传说，但铅粉的起源，是“炼丹”的副产品，也许与历史也有几分契合吧。

铅粉的制作过程，《天工开物》里曾有详细的记载：

> 凡造胡粉，每铅百斤，熔化，削成薄片，卷作筒，安木甑内，甑下、甑中各安醋一瓶，外以盐泥固济，纸糊甑缝。安火四两，养之七日。期足启开，铅片皆生霜粉，扫入水缸内。未生霜者，入甑依旧再养七日，再扫，以质尽为度，其不尽者留作黄丹料。
>
> 每扫下霜一斤，入豆粉二两、蛤粉四两，缸内搅匀，澄去清水，用细灰按成沟，纸隔数层，置粉于上。将干，截成瓦定形，或如磊块，待干收货。此物古因辰、韶诸郡专造，故曰韶粉（俗误朝粉）。今则各省直饶为之矣。其质入丹青，则白不减，擦妇人颊，能使本色转青。胡粉投入炭炉中，仍还熔化为铅，所谓色尽归皂者。

米粉、铅粉是古代妆粉最基本的品种，而在此基础上的种种加工创新，更是名目繁多，新人耳目。贾思勰的《齐民要术》就提到“多着丁香于粉盒中”，即可制成香粉，此外还有：

前文提到的魏晋曹丕宫人段巧笑擅长“紫妆”，应该是用了“紫粉”。《齐民要术》有“作紫粉法”：“用白米英粉三分、胡粉三分（不着胡粉，不着人面），和合均调，取葵子熟蒸，生布绞汁，和粉，日曝令干。若色浅者，更蒸取汁，重染如前法。”

唐代宫中以细粟米制成的“唐宫迎蝶粉”：“粟米随多少，淘淅如法，频易水浸取，十分清洁。倾顿瓷钵内，令水高粟寸许，以薄绵盖钵面，隔去尘污，向烈日中曝干，研为细粉，每水调少许，着器内。随意摘花挼粉覆盖熏之，媚悦精神。”（《事林广记》）

南唐张泌《妆楼记》里提到一种“木瓜粉”：“良人为渍木瓜粉，遮却红腮交午痕。”“投我以木瓜，报之以琼琚。”（《诗 · 卫风 · 木瓜》）丈夫亲手润渍的木瓜粉，当然更能赢得妻子的深情了。

宋代女子使用一种“玉女桃花粉”。《事林广记》记载说：“玉女桃花粉：益母草，亦名火炊草，茎生如麻，而叶差小，开紫花。端午间采日煞烧灰，用稠米饮搜团如鹅卵大，熟炭火煅一伏时，火勿令焰，焰即黑。取出捣碎再搜炼两次。每十两别煅石膏二两，滑石、蚌粉各一两，胭脂一钱，共碎为粉，同壳麝一枚入器收之，能去风刺，滑肌肉，消瘢点，驻姿容。”这种粉，已经不只是普通的妆粉，还有药用功效了。

福州南宋黄昇墓出土的粉块，形状各异，
压印有梅、兰、荷等花样，精美绝伦

明胡文焕编撰的《香奁润色》中提到两种需要用“鸡子”（即鸡蛋）调和的粉。一是桃花娇面香粉，“官粉十两，密陀僧二两，银朱五钱，麝香一钱，白及一两，寒水石二两，共为细末，鸡子白调，盛磁瓶密封，蒸熟，取出晒干，再研令绝细，水调敷面，终日不落，皎然如玉。”另一个干脆就叫“鸡子粉”，“鸡子一个，破顶去黄，只用白，将光粉（即铅粉）一处装满，入密陀僧五分，纸糊顶子，再用纸浑裹水湿之，以文武火煨，纸干为度，取出用涂，面红自不落，莹然如玉。”

“天颜最喜颜如玉，笑煞人间鬼脸多”，明代崇祯皇帝“不喜涂泽，每见宫中施粉稍重者，笑曰：‘浑似庙中鬼脸。’”宫中流行“珍珠粉”和“玉簪粉”。珍珠的美容之功效早被中国古人发现了，明李时珍《本草纲目》中写道：“珍珠……涂面，令人润泽好颜色。涂手足，去皮肤逆胪……除面鼾……”等。但明代宫中的珍珠粉

明·仇英《山水人物图·贵妃晓妆图》

却并不是真正的珍珠。《崇祯宫词注》载："（懿安）皇后颜如玉，不事涂泽，田贵妃亦然。……后喜茉莉，坤宁宫有六十余株，花极繁。每晨摘花簇成球，缀于鬟鬓。凡服御之物，亦挹取其香。……宫中收紫茉莉，实研细蒸熟，名'珍珠粉'。取白鹤花蕊，剪去其蒂，实以民间所用粉，蒸熟，名'玉簪粉'。此懿安从外传入，宫眷皆用之。"据《陕西通志》载："紫茉莉，花形似茉莉，色紫，香不及茉莉。女人取花汁匀面，子肉雪白，作粉，冬擦，面不皱，人呼'胭粉花'。"种子成熟时，研成粉末蒸熟，就是所谓的"珍珠粉"了。这种粉不仅可以使皮肤白皙，而且还有一定的医用美

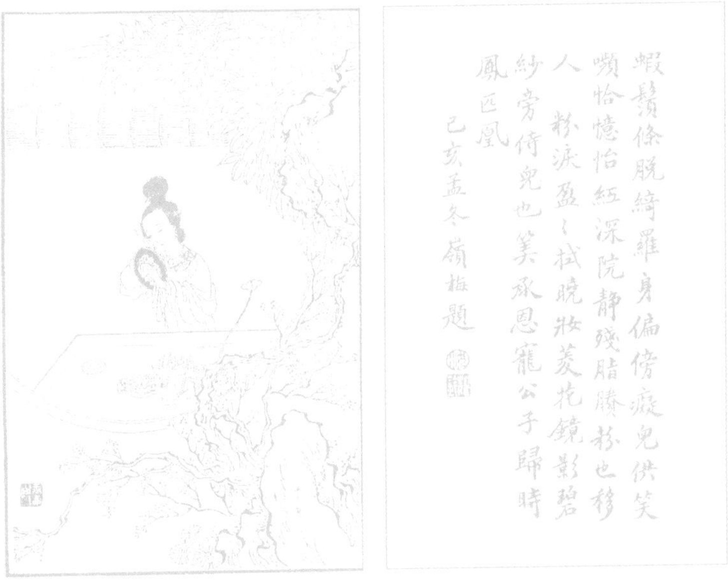

清·改琦《红楼梦图咏·平儿》便选取了平儿理妆的场景

容功效，所以“脂粉丛中”长大的贾宝玉也隆重推荐呢。——《红楼梦》第四十四回《变生不测凤姐泼醋　喜出望外平儿理妆》：

宝玉一旁笑劝道：“姐姐还该擦上些脂粉，不然倒像是和凤姐姐赌气了似的。况且又是他的好日子，而且老太太又打发了人来安慰你。”平儿听了有理，便去找粉，只不见粉。宝玉忙走至妆台前，将一个宣窑瓷盒揭开，里面盛着一排十根玉簪花棒，拈了一根递与平儿。又笑向他道：“这不是铅粉，这是紫茉莉花种，研碎了兑上香料制的。”平儿倒在掌上看时，果见轻白红香，四样俱美，摊在面上也容易匀净，且能润泽肌肤，不似别的粉青重涩滞。

同样出自《红楼梦》第六十回《茉莉粉替去蔷薇硝　玫瑰露引出茯苓霜》中，还提到了茉莉粉和蔷薇硝，蔷薇硝“一股清香”，有防治春癣的药效。茉莉粉“带些红色，闻闻也是喷香”。

清宫中的慈禧太后的妆粉也颇有特色。德龄《御香缥缈录·慈禧后私生活实录》第三十二回《太后的梳妆台》中提到：“还在欧美人士以化装术炫耀当世之前，我们的皇太后已早就很透彻地发明了许多美容的秘诀，有几种到如今可说还不曾给人家发现咧！所以我在当时就确认每次早朝之前随着太后上伊的梳洗室中去瞧伊慢条斯理地化装起来，委实是等于去上一课‘美容术’，而且是每次都能给我们得到新的体验，决不会让我们白白地站上半天的。因为伊老人家对于面部化装的一件工程，始终是十二分小心地从事着的。”而在这些“美容术”中，“伊所用的第一件东西就是粉。有一天，想来大半是伊老人家已经知道我很注意伊的化装的缘故，竟很详尽地告诉了我许多的秘密，首先论及的，就是伊所用的粉的制法”：

“给你说实话，我们对于一切化装上的用品可说没一种不是精工选制的！”伊慢慢地说道，“倘不是最上等的精品，我们是决不要用的，便是他们也决不敢贡上来。你大概心上总不免很奇怪吗？照普通人家的习惯讲，已做寡妇的女人是不应该再用什么脂粉的，但我们却天天在调弄脂粉，岂非很背礼吗？可是这也不是我所创的例，上代的老祖宗已早就这样了。尤其是我们处在这样地位上，所穿的衣服往往很鲜艳，衣服的颜色一鲜艳，可就不能让自己的容颜再保持着灰褐色了，因为容色和衣色如其太不相称，委实是非常难看的。这就是我们不能不打扮打扮的缘故！”

“现在先说我们所用的这种粉：它的原料其实也和寻常的粉一般是用米研成细粉，加些铅便得，并且你从表面上看它的颜色反而尤比寻常的粉黄一些，但在实际上，却大有区分。第一，它们的原料的选择是十分精细的，不仅用一种米；新上市的白米之外，还得拼用颜色已发微紫的陈米，如此，粉质便可特别的细软；第二，磨制的手续也决不像外面那样的草草，新米和陈米拣净之后，都得用大小不同的磨子研磨上五六次，先在较粗的石磨中研，研净后筛细，再倒入较细的石磨中去研，研后再筛，这样研了筛，筛了研的工作，全都由几个有经验的老太监担任，可说是丝毫不苟的。这两种不同的米粉既研细了，就得互相配合起来，配合的分量也有一定，不能太多太少，否则色泽方面便要大受影响；第三，我们这种粉的里面，虽是为了要不使它易于团结成片的缘故，也像外面一样的加入铅粉在内，然而所加的分量是很少很少的，只仅仅使它不团起来就得；外面所制的往往一味滥加，以致用的人隔了一年半载，便深受铅毒，脸色渐渐发起青来，连皮肤也跟着粗糙了，有几种甚至会使人的脸在不知不觉中变黑起来，如果在举行什么朝典的时候，我们的脸色忽然变了黑色，岂不要闹成一桩绝大的笑话！”

宫中所用之粉，除了DIY，多是各地呈上的贡品。中国古代许多地方都有知名的妆粉。比如荆州的“范阳粉”（唐·虞世南编《北堂书钞》：“范阳粉，《荆州记》曰：范阳县有粉水，取其水以为粉，今谓之粉口。”），“江西粉”（《北堂书钞》：“江西粉，《华阳国志》曰：巴郡江西县有清水穴，巴人以此水为粉，则皜曜鲜芳，常贡京师，名为粉水。”）、桂林的“桂粉”（宋·范成大《桂海虞衡志》：“铅粉，桂林所作最有名，谓之桂粉。以黑铅着糟瓮罨化之。”），韶州的“韶粉”（明·宋应星《天工开物·胡粉》：“此物因古辰、韶诸郡专造，故曰韶粉，俗名朝粉。今则各省饶为之

江西景德镇宋墓出土粉盒

矣。其质入丹青，则白不减。擦妇人颊，能使本色转青。”），定州的“定粉”（明·孙一奎《赤水元珠》：“议曰：胡粉即真铅粉也，出韶州者名韶粉，出定州者名定粉，总名光粉。”），辰州的“辰粉”（明·李时珍《本草纲目·金石部·粉锡》：“今金陵、杭州、韶州、辰州皆造之，而辰粉尤真，其色带青。”）……名声大了，就难免有跟风的山寨品出现，比如桂粉，宋周去非《岭外代答》就提到：“铅粉，西融州有铅坑，铅质极美，桂人用以制粉，澄之以桂水之清，故桂粉声闻天下。桂粉旧皆僧房罨造，僧无不富，邪僻之行多矣。厥后经略司专其利，岁得息钱二万缗以资经费。群僧乃往衡岳造粉，而以下价售之，亦名桂粉，虽其色不若桂，然桂以故发卖少迟。”

而盛产妆粉之地，也有不同的品牌。如明清两代的扬州香粉，《扬州方志》就记载有：“天下香粉，莫如扬州，迁地遂不能为

今天的谢馥春鸭蛋粉，粉质细腻柔和，
清香淡雅。纸质包装盒，古朴环保。

良，水土所宜，人力不能强也。”明崇祯年间（1628—1644）开设的戴春林香粉，就是“其来已久，货亦极佳”（《人物风俗制度丛谈》转引《片玉山房花笺录》），后来成为皇宫贡品，风行二百余年，20 世纪 20 年代，刘半农在描述歌谣的特殊意义还曾提到戴春林的香粉 :“我以为若然文艺可以比作花的香，那么民歌的文艺，就可以比作野花的香。要是有时候，我们被纤丽的芝兰的香味熏得有些腻了，或者尤其不幸，被戴春林的香粉香，或者是 Coty 公司的香水香，熏得头痛得可以，那么，且让我们走到野外去，吸一点永远清新的野花香来醒醒神罢……”清道光年间，1830 年，扬州又出现了另一个品牌谢馥春，它精选米粉、豆粉等天然原料，“鲜花熏染、冰麝定香”，制成形似鸭蛋的香粉，1915 年就走出国门，获美国巴拿马万国博览会的国际银质奖章，一时声誉鹊起。直到今天，依然有众多拥趸，将它放在妆台、案头，在它清幽的香氛里，缅想那些湮没的朝代，那些盛妆的女子……

实际上，在中国古代，脂粉之类并不是女子的专利，男子喜欢傅粉的也大有人在。《汉书·佞幸传》就说："孝惠时，郎侍中皆冠鵔鸃，贝带，傅脂粉。"《后汉书·李固传》："大行在殡，路人掩涕，（李）固独胡粉饰貌，搔头弄姿。"《颜氏家训》则说："梁朝全盛之时，贵游子弟多无学术，……无不熏衣剃面傅粉施朱，驾长檐车，蹑高齿屐……"可见当时男性用粉之普遍。《三国志》裴松之注引《魏略》也说，曹植（192—232）"因呼常从取水自澡讫，傅粉"，何晏（？—249）"性自喜，动静粉白不去手，行步顾影"，一个男人竟然时时刻刻粉不离手！不过，《世说新语·容止》却有："何平叔（何晏字）美姿仪，面至白。魏明帝疑其傅粉，正夏月，与热汤饼，既啖，大汗出，以朱衣自拭，色转皎然。"则说他是天生面白，犹如傅粉了。不管怎样，古代男子傅粉者并不罕见。而将傅粉之法总结得头头是道的，也是一个男人——李渔。

李渔在《闲情偶寄·点染》中写道："'却嫌脂粉污颜色，淡扫蛾眉朝至尊。'此唐人妙句也。今世讳言脂粉，动称污人之物，有满面是粉而云粉不上面，遍唇皆脂而曰脂不沾唇者，皆信唐诗太过，而欲以虢国夫人自居者也。"其实，自古以来的女人总是一边化妆，一边又希望别人认为自己丽质天生，"你能看出来我

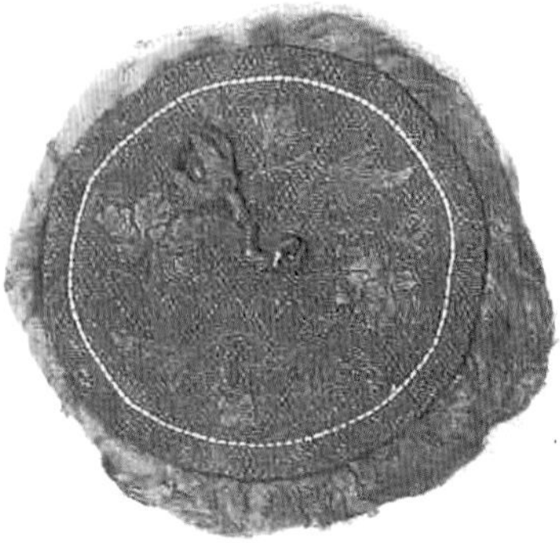

古代粉扑。“粉带红绵渍，圆分片月临。鸳鸯看绣出，从此度金针。”（清·钱琳《谢简斋先生赐物·粉扑》）“澹花瘦玉轻妆来，粉融轻汗红绵扑”。（清·纳兰性德《菩萨蛮》）

搽了粉吗”，就像时下所谓的“素颜”照、裸妆、隐形粉底之类一样。对此，李渔说：“噫，脂粉焉能污人，人自污耳。人谓脂粉二物，原为中材而设，美色可以不需。予曰：不然。惟美色可施脂粉，其余似可不设。何也？二物颇带世情，大有趋炎附热之态，美者用之愈增其美，陋者加之更益其陋。使以绝代佳人而微施粉泽，略染腥红，有不增娇益媚者乎？使以媸颜陋妇而丹铅其面，粉藻其姿，有不惊人骇众者乎？”那么，天生皮肤黑的女子，是不是就不能用脂粉了呢？李渔从“砖匠以石灰粉壁，必先上粗灰一次，后上细灰一次”和“染匠之于布帛，无不由浅而深”中找到了傅粉的方法：“从来傅粉之面，止耐远观，难于近视，以其不能匀也……有法焉：请以一次分为二次，自淡而浓，由薄而厚，则可保无是患矣……今以一次所傅之粉，分为二次傅之，先傅一次，俟其稍干，然后再傅第二次，则浓者淡而淡者浓，虽出无心，自能巧合，远观近视，无不宜矣。此法不但能匀，且能变换肌肤，使黑者渐白。”湖上笠翁，果然是“风雅功臣”，亦可谓“红裙知己”啊。

古代女子不仅白天敷粉，晚上皮肤护理也会用到粉。《宫女谈往录》里就提到，“晚上临睡觉前，要大量地擦粉，不仅仅是脸，脖子、前胸、手和臂都要尽量多擦，为了培养皮肤的白嫩细腻。这不是一朝一夕的功夫，必须经过长期的培养才行。我们宫里有句行话，叫‘吃得住粉’，就是粉擦在皮肤上能够融化为一体，不是长期培养，是办不到的。有的人脸上擦粉后，粉浮在脸上，粉底下一层黑皮，脸和脖子间有一道明显的分界痕迹，我们管这个叫‘狗屎下霜’，要多难看有多难看。我们的皮肤调理得要像鸡蛋清一样细嫩、光滑透亮。”今天用粉的女子也是要引以为鉴呢。

二

范成大《吴郡志 · 古迹》曾提到 :“香水溪，在吴故宫中，俗云西施浴处，人呼为脂粉塘。吴王宫人濯妆于此溪，上源至今馨香。”与杜牧《阿房宫赋》“弃脂水”堪有一比，虽有夸张，却可见古代女子用脂粉之多。好像有一首歌叫《香水有毒》吧，实际上，包含了铅、锡、铝、锌等多种化学元素的铅粉，才是真正有毒的。而前人对其毒性也并非不知，《余冬录》曰 :“嵩阳因产铅之故也，居民多制胡粉为业。……然其铅气有毒，制者必食犬肉，饮酒以御之，若枵腹中其毒气，辄病至死。业久之家，长幼为毒熏蒸，多痿黄，旋致风挛瘫软之疾，不得其寿而毙。”《纲目拾遗》也说 :“粉锡，今杭城多有业此，名曰粉坊。工人无三年久业者，以铅、醋之气有毒，能铄人肌肤，且其性燥烈，坊中人每月必食鹅一次以解之，则其不能无毒可知。或曰，其造制时则其气有毒，若成粉便不毒。如果有毒，则前人方中何以入食剂，而又不遗制解之法。殊不知此物性能制硫黄，除酒酸，雌黄见之则黑，糟蟹得之不沙，入药能堕胎，傅面多生粉痣，其剥蚀猛悍之性，等于砒硇，惟少服之则可。”清代李百川的小说《绿野仙踪》第五十六回《埋寄银奸奴欺如玉　逞利口苗秃死金钟》里就描述了一个女子吞官粉而亡的场景：

> [illegible]时候，此物就发作起来，疼的肝肠粉碎，满炕上乱滚，[illegible]子大大小小都装在枕，[illegible]还洒下许多的官粉；盛粉的匣子，丢在炕沿[illegible]——金钟儿双睛叠暴，扒起来睡倒，睡倒又扒起来，两只手只在炕上拼命的乱挠，挠的指尖内都流出血来，少刻[illegible]青面黑，将身子往起一迸，大叫了一声，一对小金莲直登了几下，鼻子口内鲜血进流，就呜呼哀哉了，真是死的凄惨可怜。正是：一腔热血还知己，满腹凄凉泣九原。未遂痴情身惨死，空教明月吊孤魂。

这段故事的男女主角，温如玉与金钟儿，一个是家道中落却仍在风月之地流连忘返的纨绔子弟，一个是既爱钞票又爱少年的风流窑姐儿，她吞官粉而亡的最后一幕，读来令人心寒，只是，他们的故事，从一开始就不是小说戏文里那些吟诗弄文的童话般

清·陈崇光《柳下晓妆图》

的才子佳人传奇，他们只是浊世里的一对嫖客和妓女，上演着最世俗也最真实的爱恨情仇，赤裸的性爱、不加掩饰的交易、争风吃醋或者背叛……在铜臭和脂粉夹杂的空气里。

铅粉有毒，长期使用会使皮肤变得灰暗，甚至产生斑点、粉痣，但与米粉相比，它的美白效果更明显，更能贴合皮肤，保持时间也更持久，明张岱《陶庵梦忆·二十四桥风月》就说："所谓'一白遮百丑'者，粉之力也。"所以明知有毒，千百年来的女人们还是一直使用着铅粉，"冠剪黄绡帔紫罗，薄施铅粉画青娥"（唐·薛能《吴姬》）。这就是女人吧，正像她们明知道“士之耽兮，尤可说也，女之耽兮，不可说也”(《诗经·氓》)，还是会飞蛾扑火、饮鸩止渴般地追寻着爱情……

“旧香残粉似当初，人情恨不如。一春犹有数行书，秋来书更疏。”(宋·晏几道《阮郎归》)其实，很多时候，我们不是不明白，一个人爱你，才会觉得你可爱；疼你，才会觉得你令人心疼。只是，女人对美、对爱的追求，像我们一开始讲述的袁枚笔下的老妇，真是至老至死也无休的——除非她已被迫心如死水，如《红楼梦》里早寡的李纨，才会连“胭粉”都不得不放弃了。

闲情偶寄·点染

清·李渔

“却嫌脂粉污颜色，淡扫蛾眉朝至尊。”此唐人妙句也。今世讳言脂粉，动称污人之物，有满面是粉而云粉不上面，遍唇皆脂而曰脂不沾唇者，皆信唐诗太过，而欲以虢国夫人自居者也。噫，脂粉焉能污人？人自污耳。人谓脂粉二物，原为中材而设，美色可以不需。予曰：不然。惟美色可施脂粉，其余似可不设。何也？二物颇带世情，大有趋炎附热之态，美者用之愈增其美，陋者加之更益其陋。使以绝代佳人而微施粉泽，略染腥红，有不增娇益媚者乎？使以媸颜陋妇而丹铅其面，粉藻其姿，有不惊人骇众者乎？询其所以然之故，则以白者可使再白，黑者难使遽白；黑上加之以白，是欲故显其黑，而以白物相形之也。试以一墨一粉，先分二处，后合一处而观之，其分处之时，黑自黑而白自白，虽云各别其性，未甚相仇也；迨其合外，遂觉黑不自安，而白欲求去。相形相碍，难以一朝居者，以天下之物，相类者可使同居，即不相类而相似者，亦可使之同居，至于非但不相类、不相似，而且相反之物，则断断勿使同居，同居必为难矣。此言粉之不可混施也。脂则不然，面白者可用，面黑者亦可用。但脂粉二物，其势相依，面上有粉而唇上涂脂，则其色灿然可爱，倘面无粉泽而止丹唇，非但红色不显，且能使面上之黑色变而为紫。以紫之为色，非系天生，乃红黑二色合而成之者也。黑一见红，若逢故物，不求合而自合，精光相射，不觉紫气东来，使乘老子青牛，竟有五色灿然之瑞矣。若是，则脂粉二物，竟与若辈无缘，终身可不用矣，何以世间女子人人不舍，刻刻相需，而人亦未尝以脂粉多施，摈而不纳者？曰：不然。予所论者，乃面色最黑之人，所谓不相类、不相似，而且相反者也。若介在黑白之间，则相类而相似矣，既相类而相似，有何不可同居？但须施之有法，使浓淡得宜，则二物争效其灵矣。从来傅粉之面，止耐远观，难于近视，以其不能匀也。画士着色，用胶始匀，无胶则研杀不合。人面非同纸绢，万无用胶之理，此其所以不匀也。有法焉：请以一次分为二次，自淡而浓，由薄而厚，则可保无是患矣。请以他事喻之。砖匠以石灰粉壁，必先上粗灰一次，后上细灰一次；先上不到之处，后上者补之；后上偶遗之处，又有先上者衬之，是以厚薄相均，泯然无迹。使以二次所上之灰，并为一次，则非但拙匠难匀，巧者亦不能遍及矣。粉壁且然，况粉面乎？今以一次所傅之粉，分为二次傅之，先傅一次，俟其稍干，然后再傅第二次，则浓者淡而淡者浓，虽出无心，自能巧合，远观近视，无不宜矣。此法不但能匀，且能变换肌肤，使黑者渐白。何也？染匠之于布帛，无不由浅而深，其在深浅之间者，则非浅非深，另有一色，即如文字之有过文也。如欲染紫，必先使白变红，再使红变为紫，红即白紫之过文，未有由白竟紫者也。如欲染青，必使白变为蓝，再使蓝变为青，蓝即白青之过文，未有由白竟青者也。如妇人面容稍黑，欲使竟变为白，其势实难。今以薄粉先匀一次，是其面上之色已在黑白之间，非若曩时之纯黑矣；再上一次，是使淡白变为深白，非使纯黑变为全白也，难易之势，不大相径庭哉？由此推之，则二次可广为三，深黑可同于浅，人间世上，无不可用粉匀面之妇人矣。此理不待验而始明，凡读是编者，批阅至此，即知湖上笠翁原非蠢物，不止为风雅功臣，亦可谓红裙知己。初论面容黑白，未免立说过严。非过严也，使知受病实深，而后知德医人，果有起死回生之力也。舍此更有二说，皆浅乎此者，然亦不可不知：匀面必须匀项，否则前白后黑，有如戏场之鬼脸。至于点唇之法，又与匀面相反，一点即成，始类樱桃之体；若陆续增添，二三其手，即有长短宽窄之痕，是为成串樱桃，非一粒也。

画眉深浅入时无

宝玉早已看见多了一个姊妹，便料定是林姑妈之女，忙来作揖。厮见毕归坐，细看形容，与众各别：两弯似蹙非蹙罥烟眉，一双似泣非泣含露目。态生两靥之愁，娇袭一身之病。泪光点点，娇喘微微。闲静时如姣花照水；行动处似弱柳扶风。心较比干多一窍，病如西子胜三分。

（《红楼梦》第三回《贾雨村夤缘复旧职　林黛玉抛父进京都》）

《红楼梦》里，宝玉、黛玉初次相见，首先映入他眼中的，就是她的眉和目："两弯似蹙非蹙罥烟眉，一双似泣非泣含露目"，后来，宝玉问黛玉表字，黛玉道无，宝玉遂送"颦颦"二字，且道："《古今人物通考》上说，西方有石名黛，可代画眉之墨。况这林妹妹眉尖若蹙，用取这两个字，岂不两妙？"第一眼，他就解读出了她名字的由来——黛，是一种青黑色的颜料，古时女子用以画眉，所以后来成为女子眉毛的代称；第一眼，她的两弯黛眉便烙在了他的心里，从此，她的眉展了，他的天晴了；她的眉蹙了，他的心疼了。她的眉头，紧紧地锁着他们的恋与愁："展不开的眉头，捱不明的更漏。呀，恰便似遮不住的青山隐隐，流不断的绿水悠悠。"只可惜，多年的木石心事，终究也只谱就了一曲〔枉凝眉〕："一个是阆苑仙葩，一个是美玉无瑕。若说没奇缘，今生偏又遇着他；若说有奇缘，如何心事终虚化？一个枉自嗟呀，一个空劳牵挂。一个是水中月，一个是镜中花。想眼中能有多少泪珠儿，怎禁得秋流到冬，春流到夏！”最终，她泪尽焚诗，魂归离恨天；他在金玉良姻里，在另一个女子的举案齐眉中，空叹“到底意难平”！

清·费丹旭《黛玉葬花》

一

在一个女人所有的妆容里面，最重要的也许就是眉了。“施脂憎太红，傅粉未云美。淡扫两春山，盈盈映秋水。”（清·宋鸣琼《画眉》）所谓“眉清目秀”，有时候，不需要脂粉，只要眉毛清清楚楚了，整个人就清爽起来。而中国古代女子眉妆的历史之悠久、花样之繁复、长短粗细曲直浓淡之变化，真真是可以书写一部《眉史》的。

前面说过，春秋时的第一个大美女庄姜，“蛴首蛾眉，巧笑倩兮”（《诗·卫风·硕人》），这对像蚕蛾触须那样细长而弯曲的眉毛，成为后世女子追求的主流。不过，一般认为庄姜是原生态美女，天生丽质，她的眉毛，应该也是没有经过雕琢加工的吧，所以《十眉谣》也说：“春秋之世，管城子尚未生，庄姜之眉自非画者。”

战国时的女性妆容的基本特点是“粉白黛黑”，从“蛾眉曼

河南信阳出土的漆绘木俑展示了楚国女子之眉，即使今天看来，亦是十分秀美。

只”“曲眉规只”“青色直眉”（屈原《楚辞 · 大招》）可以看出，至少在这个时候，她们已经开始修饰自己的眉毛了。其中尤以“蛾眉”最为流行，所谓“众女嫉余之蛾眉兮”（屈原《楚辞·离骚》）。这种弯而细长的眉毛，据专家考证说，源自原始部族的蚕蛾崇拜，因此早期的蛾眉画好之后，还要在下方点几个小圆点，就像蚕卵一样，才算是完整的蛾眉。除“蛾眉”外，楚女俗尚的眉妆还有“青色直眉”，不似蛾眉那般弯曲，但也是细长的。

而至秦代，“秦始皇宫中，悉红妆翠眉”（宋 · 高承《事物纪原》），然而对其形状的记录却并不多，大约仍是延续战国之风。

如果按历史叙述惯用的语言，我们得说，汉代是中国古代眉妆的第一个繁盛时期。这一时期出现了长眉、远山眉、八字眉、惊翠眉、愁眉、广眉等诸多名目，且一一道来。

长眉入鬓，顾盼神飞。在蛾眉的基础上演变而来的长眉在汉代流行一时，西汉司马相如（约前179—前118）的《上林赋》说："若夫青琴宓妃之徒，绝殊离俗，姣冶娴都，靓妆刻饰，便嬛绰约……长眉连娟，微睇绵藐……"郭璞《索隐》曰："连娟，眉曲细也。"看样子长眉也是纤巧细长弯曲的，与蛾眉似无太大区别。

而司马相如的妻子卓文君，则引领了"远山眉"之风。《西京杂记》说她"眉如远山，时人效之，画远山眉"，《玉京记》也言"卓文君眉色不加黛，如远山，人效之，号远山眉"。比较起绘形摹状，中国古代文人和画家更擅长的是描画意境。我实在无法推知这种远山眉的具体形状，但闭目冥想远山景象，便觉淡远、凝翠、秀美、悠然、如烟如织、如诗如画……想来这便是当年文君之眉给人的感受吧。直到汉成帝（前51—前7）宠妃赵合德，入宫之时"为薄眉，号远山黛"，尚且选择这种眉式，可见其流行。

这类细长弯曲的眉式也有变异，比如八字眉。其眉头上翘，眉尾下滑，形似"八"字，故而得名。《妆台记》云"汉武帝（前156—前87）令宫人作八字眉"，湖北云梦西汉墓出土的木俑上可以看到这种眉式。这种八字眉到唐代完成了一个时尚的轮回，被"复古"，即白居易《时世妆》里的"双眉画作八字低"。不过唐

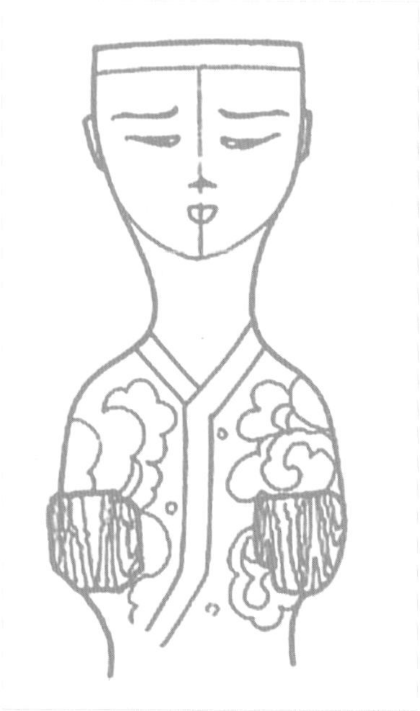

西汉女子的八字眉

唐代女子的八字眉
（唐·周昉《纨扇仕女图》局部）

代的八字眉要比汉代稍稍粗一点。

至东汉，时尚又发生了变化。《后汉书·马廖传》中记载了一个当时的民谣曰："城中好高髻，四方高一尺；城中好广眉，四方且半额；城中好大袖，四方全匹帛。"马廖是东汉开国之初有名的伏波将军马援（前 14—49）长子，所以这种眉式的流行也是东汉早期之事。所谓广眉，又称阔眉、大眉，其形粗阔非常，竟然占据了半个额头，想象长安城中女子个个画着这样的眉毛，真是蔚为壮观哪。

后来还流行过一阵子惊翠眉，即《妆台记》所说“汉日给宫人螺黛作翠眉”，但很快就被愁眉取代，发明人就是前面提到过的，那位能神奇地将林妹妹与凤姐姐合二为一的孙寿女士了。《古今注》云：“梁冀（？—159）妻改翠眉为愁眉。”“所谓愁眉者，细而曲折。”（《后汉书 · 五行志一》）而八字眉就是眉头若蹙，似有愁态，所以孙寿“愁眉”的发明创造应该是脱胎自西汉的八字眉（所以后人也有将二者混为一谈者），只是这时距汉武帝时已经有二三百年了，所以时人又一次惊艳，歙然仿效，女人们一个个变得愁眉紧锁，多愁善感起来。直到梁氏夫妻树倒猢狲散，这股风潮才渐渐烟消。

当然，蛾眉仍然还是有着众多的拥趸，据说汉明帝（25—78）时的宫人就是“拂青黛蛾眉”，蔡邕（133—192）《青衣赋》也说“盼倩淑丽，皓齿蛾眉”。实际上，后来“蛾眉”又写作“娥眉”，已经逐渐成为美丽的眉毛的代称，后来干脆就是美女的代称，比如南朝梁高爽《咏镜》：“初上凤皇墀，此镜照蛾眉”，宋赵彦卫《云麓漫钞》卷十：“列屋蛾眉，豪侈不可状”，清孙枝蔚《延令题妃子墓》：“舞衣日已缓，蛾眉委道旁，樵夫与牧竖，至今为悲伤”等等，这些美女们倒并不见得画得都是标准的蛾眉形状。

“魏宫人好画长眉”（崔豹《古今注》），至魏晋时女人们仍好长眉。而这一时期比较特别的一种眉式叫做“连头眉”，其倡导者据说竟是一代枭雄曹操（155—220）。《妆台记》载：“魏武帝令宫人扫青黛眉、连头眉，一画连心细长，谓之仙蛾妆。齐梁间多效之。”所谓连头眉，就是把两条眉毛连在一起，画成一条，今天看来有点怪异吧，当时却备受追捧，曹植《洛神赋》“云髻蛾峨，修眉联娟”之句，就是指的这种眉式。连头眉还有一个美称“仙蛾妆”，其“仙”又是指什么呢？我在汉代刘向《列仙传》里看到了这样一则故事，提到了一位后来成仙的女子天生的“连头眉”：

> 犊子者，邺人也。少在黑山，采松子、茯苓，饵而服之，且数百年。时壮时老，时好时丑，时人乃知其仙人也。常过酤酒阳都家。阳都女者，市中酤酒家女，眉生而连，耳细而长，众以为异，皆言此天人也。会犊子牵一黄犊来过，都女悦之，遂留相奉侍。都女随犊子出，取桃李，一宿而返，皆连兜甘美。邑中随伺，逐之出门，共牵犊耳而走，人不能追也。且还复在市中数十年，乃去见潘山下，冬卖桃李云。（《犊子》）

这位传说中成仙的女子阳都女，就是“生而连眉”的，后来左思（约250—305）《魏都赋》有句云“昌容练色，犊配眉连”，指的就是这段故事了。不知道连头眉的出现，与这位仙子的“异相”有无关系。

南北朝时北周静帝令宫人“黄眉墨妆”，这个黄眉也是相当另类的，配以黑色的面妆，颜色实在是鲜明强烈，只不知是何形状了。

隋朝盛行的仍是长蛾眉。相传隋炀帝（569—618）巡游江都时，“至汴，帝御龙舟，萧妃乘凤舸，锦帆彩缆，穷极侈靡。……每舟择妙丽长白女子千人，执雕板镂金楫，号为殿脚女。”所谓殿脚女，就是牵挽龙舟的女子。“一日，帝将登凤舸，凭殿脚女吴绛仙肩，喜其柔丽，不与群辈齿，爱之甚，久不移步。绛仙善画长蛾眉，帝色不自禁，回辇召绛仙，将拜婕妤。适值绛仙下嫁为玉工万群妻，故不克谐。帝寝兴罢，擢为龙舟首楫，号曰‘崆峒夫人’。由是殿脚女争效为长蛾眉。……帝每倚帘视绛仙，移时不去，顾内谒者云：‘古人言秀色若可餐，如绛仙，真可疗饥矣。’”（旧题唐·颜师古《隋遗录》卷上）这位秀色可餐的吴绛仙，虽然已为人妻，却仍因一双长长的蛾眉引来了帝王的宠幸甚至迷恋，难怪其他殿脚女要“争效为长蛾眉”了。

终于说到唐代了，这是中国古代眉式最为丰富的时期，可以这么说，额头是画纸，女人们在上面随心所欲地挥洒泼墨，显示出非凡的创造力。三千宠爱在一身的杨贵妃，其姐妹也相继受封，“大姨为韩国夫人，三姨为虢国夫人，八姨为秦国夫人。同日拜命，皆月给钱十万，为脂粉之姿。然虢国不施妆粉，自炫美艳，常素面朝天。当时杜甫有诗云：‘虢国夫人承主恩，平明骑马入宫门。却嫌脂粉污颜色，淡扫蛾眉朝至尊。’”（《杨太真外传》）虢国夫人自负美艳，素面朝天，也要淡扫蛾眉，何况他人。为了让创作的舞台变得更加广阔，唐代女子甚至还发明了“去眉开额”——把全部眉毛和部分额头上方的头发剃掉，真是“天庭饱满”了，《资治通鉴》中说武则天是“方额广颐”，未知是出自天然还是“去眉开额”的结果。画眉毛时，要画在高于原来位置的额头上，再配上用垫衬或假髻做出的高大发式，骨细肌丰的身材，一派雍容华贵景象。“西川女子分十眉，宫妆捻线周昉肥”（宋·沈括《图画歌》），从贵妇到侍女，都是这种时尚的忠实拥趸。这种革命性的创新虽然后来被官方明令禁止——《唐会要》卷三十一载唐文宗大和六年(832)有司奏：“妇人高髻险妆，去眉开额，甚乖风俗，颇坏常仪。费用金银，过为首饰，并请禁断。其妆梳钗篦等，伏请敕依贞元中旧制。仍请敕下后，诸司及州府榜示，限一月内改革。”于是唐文宗发诏书“禁高髻、险妆、去眉、开额”（《新唐书·车服志》），奈何女人的爱美之心，又岂是一纸诏书所能阻挡的！更何况对于造型各异的眉式的爱好，有时还是自上而下的，据说唐明皇“令画工画十眉图。一曰鸳鸯眉，又名八字眉；二曰小山眉，又名远山眉；三曰五岳眉；四曰三峰眉；五曰垂珠眉；六曰月稜眉，又名却月眉；七曰分梢眉；八曰逐烟眉；九曰拂云眉，又名横烟眉；十曰倒晕眉”（明·杨慎《丹铅续录·十眉图》）。

根据后来研究者的考证，这几种眉式的大体形状是这样的：

鸳鸯眉：眉头圆润淡细，两头靠拢近似一条，眉尾轻柔上扬，如鸳鸯相依为命。

小山眉：眉形较粗短，形若两座小山。

五岳眉：眉头舒展，眉干、眉峰起伏明显，眉间上端在印堂之下。

三峰眉：眉形竖立，略有倾斜，眉梢弯三叉，如同鱼尾。

垂珠眉：近似八字眉而较短粗。

月棱眉：眉尖与眉梢较尖细，眉腰广而浓，形如上弦之月。

分梢眉：眉干上扬，眉峰挺秀，眉梢斜分成两条，形似燕眉，又称燕尾眉。

逐烟眉：两眉间距稍远，眉梢弯垂形似蝉翼，淡雅清秀。

佛云眉：眉短上翘，形似蝶翅飞舞，色调浓淡相宜，清翠圆润。

倒晕眉：两眉间距稍远，近似垂珠，不同处在于眉干轻柔细致，眉梢低垂近鬓。

这种“眉图”真是为女人临摹提供了极大的方便，是真正的画眉指南，直到明·袁宏道《广陵曲戏赠黄昭质时昭质校士归》诗还说：“肌香熏透绣罗襦，小立窗前拭粉朱。挂起眉图亲与较，果然颜色胜当垆。”其实，唐代女人们的创作远不止这十种呢，专家们从不同的资料中收集来的唐代眉形如下表：

序號	年代		圖例	資料來源
	帝王紀年	公元紀年		
1	貞觀年間	627—649		閻立本《步輦圖》
2	麟德元年	664		禮泉鄭仁泰墓出土陶俑
3	總章元年	668		西安羊頭鎮李爽墓出土壁畫
4	垂拱四年	688		吐魯番阿斯塔那張雄妻墓出土陶俑
5	如意元年	692		長安縣南里王村韋泂墓出土壁畫
6	萬歲登封元年	696		太原南郊金勝村墓出土壁畫
7	長安二年	702		吐魯番阿斯塔那張禮臣墓出土絹畫
8	神龍二年	706		乾縣懿德太子墓出土壁畫
9	景雲元年	710		咸陽底張灣唐墓出土壁畫
10	先天二年——開元二年	713—714		吐魯番阿斯塔那唐墓出土絹畫
11	天寶三年	744		吐魯番阿斯塔那張氏墓出土絹畫
12	天寶十一年後	752年後		張萱《虢國夫人遊春圖》
13	約天寶——元和初年	約742—806		周昉《紈扇仕女圖》
14	約貞元末年	約803		周昉《簪花仕女圖》
15	晚唐	約828—907		敦煌莫高窟130窟壁畫
16	晚唐	約828—907		敦煌莫高窟192窟壁畫

唐代女子画眉样式的演变
（引自周汛、高春明《中国历代妇女妆饰》）

几乎每个时期眉式都有极大的变化，而这些变化总是徘徊在前卫和复古之间，初唐时期的眉式还比较“正常”，大约只是在自然眉形的基础上做深浅粗细的修饰。其后则眉尾愈挑愈高，其形状也与天然眉形渐行渐远。至开元、天宝末年细长眉一度回归流行，即白居易所说“青黛点眉眉细长”（《上阳白发人》），尤其是柳叶眉开始越来越多地被诗人吟唱，“柳眉桃脸不胜春”（唐·王衍《甘州曲》），“昨夜夜半，枕上分明梦见，语多时。依旧桃花面，频低柳叶眉”（唐·韦庄《女冠子》）。德宗贞元末年，女人们“莫画长眉画短眉”（唐·元稹《有所教》），又流行把眉毛画得又阔又短，形如桂叶或蛾翅，“新桂如蛾眉”（唐·李贺《房中思》），“梅蕊新妆桂叶眉，小莲风韵出瑶池”（宋·晏几道《鹧鸪天》）。这种阔眉委实显得有些呆板生硬，不过这难不倒善于创造的女人，她们在画眉时将眉毛边缘处的颜色向外轻轻地晕散，称其为“晕眉”。但是，短眉毕竟稍欠女人味，一时的标新立异之后，很快就退去了风潮，慢慢地长眉或阔眉又占据了女人们的额头。

五代承晚唐遗风，画眉的花样更加百变迭出，当时陶谷（903—970）于《清异录》中有几条关于画眉的记载。其中“开元御爱眉”条云：“五代宫中画开元御爱眉、小山眉、五岳眉、垂珠眉、月棱眉、分梢眉、涵烟眉。国初，小山尚行，得之宦者窦季明。”小山眉看来是最时尚的。而且画眉之风所至，便是佛门弟子都不能免俗，“浅文殊”条云：“范阳凤池院尼童子，年未二十，秾艳明俊，颇通宾游。创作新眉，轻纤不类时俗。人以其佛弟子，谓之‘浅文殊眉’。”这个风流漂亮的小尼姑便是以擅画眉著称的。“胶煤变相”条则记录了一个极善画眉的妓女：

桂叶眉（唐·周昉《簪花仕女图》局部）

莹姐，平康妓也，玉净花明，尤善梳掠，画眉日作一样。唐斯立戏之曰："西蜀有十眉图，汝眉癖若是，可作百眉图。更假以年岁，当率同志为修眉史矣。"

她竟然可以一天画一样眉，真是将万种风情尽付眉间了。虽然唐氏并没有真的为她修一部眉史，但她确因善于画眉在历史中留下了名字。因为这段典故，人们还将妓女或记载妓女的书称为"眉史"。

宋代的妆容相对浅淡素雅，眉式也不如唐代那么丰富。一些流行的名目大都没有脱开窠臼，比如远山眉，仍为宫中女子崇尚，"晚来翠眉宫样，巧把远山学"（宋 · 晏几道《六么令》）；一代名妓李师师，也是"远山眉黛长，细柳腰肢袅"（宋 · 秦观《生查子》）。不过这一时期也有极具特点的流行——"倒晕眉"，即将眉毛画成宽阔的月形，而在眉毛上端或下端由深及浅、逐渐向外部晕染开来。南薰殿《历代帝后像》中宋代的女人们，上至皇后，下至宫女，都可以看到这种眉式。

元代后宫中的女子眉式也极有特色，南薰殿旧藏元代后妃像中，从元世祖的皇后彻伯尔一直到元顺帝的皇后塔济，均画有典型的"一"字眉，眉形细长，平直如线，极为独特。

明清之时崇尚秀美，眉妆也以纤长、柔细、弯曲为主流。唐代仕女图中的造型各异的眉已经少见了，仕女们更愿意拥有一对

宋代女子的倒晕眉（南薰殿旧藏《历代帝后像》）

弯弯的细眉，来昭显自己的柔顺平和。明代民歌《新编百妓评品》中就以讥讽的口气描述了一个浓眉之妓，说她“半额翠蛾扬，笑东施柳叶苍，春山两座如屏障。刀剃了又长，线界了又长，萋萋芳草秋波涨。试晨妆，巧施青黛，羞杀那张郎”，她的眉毛浓得占据了半个额头，如屏如障，像是两座大山。如果生在汉代流行阔眉的年代倒是一位天生佳人，怎奈生不逢时啊生不逢时，所以

元世祖后徹伯尔

元顺帝后塔济

她要不断地刀剃线绞，只是“野火烧不尽，春风吹又生”，真真是令人烦恼哪。

直到清代女诗人笔下，眉也是以弯、长、细为美的，“羡尔双蛾似初月，不须相待画眉人”（徐昭华《月下赠商云衣和韵》），“怪底蛾眉画更长，双螺不藉墨痕香”（徐昭华《道朱夫人喜时其外新领乡荐》），“鬓涵秋水黛长描，对影评来若个娇”（胡慎容《窥采齐姊晓妆》），“徘徊染黛晕修蛾，枕痕印颊红双涡……十眉图子今谁授，写得遥山一痕秀”（孙荪意《画眉曲》）……

李渔对眉毛也有深刻的研究，在他看来：

眉之秀与不秀，亦复关系性情，当与眼目同视。然眉眼二物，其势往往相因。眼细者眉必长，眉粗者眼必巨，此大较也，然亦有不尽相合者。如长短粗细之间，未能一一尽善，则当取长恕短，要当视其可施人力与否。张京兆工于画眉，则其夫人之双黛，必非浓淡得宜，无可润泽者。短者可长，则妙在用增；粗者可细，则妙在用减。但有必不可少之一字，而人多忽视之者，其名曰“曲”。必有天然之曲，而后人力可施其巧。“眉若远山”、“眉如新月”，皆言曲之至也。即不能酷肖远山，尽如新月，亦须稍带月形，略存山意，或弯其上而不弯其下，或细其外而不细其中，皆可自施人力。最忌平空一抹，有如太白经天；又忌两笔斜冲，俨然倒书八字。变远山为近瀑，反新月为长虹，虽有善画之张郎，亦将畏难而却走，非选姿者居心太刻，以其为温柔乡择人，非为娘子军择将也。(《闲情偶记》)

他认为眉毛的清秀与否是与人的性格相关的，漂亮的眉毛应该浓淡适宜、有一定弧度，像新月，或像远山，否则即使画师再高明也无济于事。“短者可长”“粗者可细”“天然之曲”，长、细、曲就是这一时期眉式的主要审美标准了。而曾经出现在唐代女人脸上的犹如“太白经天”“倒书八字”式的眉毛，这时却使人畏难却走了，因其英气太重，怎么符合男人对温柔乡的诉求呢。

二

《释名》曰：“黛，代也，灭眉而去之，以此画代其处也。”女人们花样变换的眉式，大多与天生眉形有一定的差异，有些还相差极大，因此画眉之前，先要修眉，即去掉原有的多余的眉毛，这就需要专门的工具啦，比如眉刀、眉镊等。这些工具古代女子早就使用，而且，比今天的更精致呢。

前文提到的湖南长沙马王堆汉墓出土的汉代彩绘双层九子漆奁内，有一把角质环首刀，同梳、篦、镊等放在一起，应该也是梳妆用具，有研究者即怀疑其具有剃眉的用途。

还有镊子，能将杂乱的眉毛（或者扰人心绪的鬓边白发）连根拔起，更加干净。《太平御览》卷七一四引汉服虔《通俗文》：“摄减须鬓谓之镊。”宋周邦彦《华胥引》词则有：“离思相萦，渐看看，鬓丝堪镊。”不过中国古代女子修容所用的镊子，许多都不止一种用途，马王堆汉墓出土的角镊中间部分为执手的柄，一头是可

1972年湖南省长沙马王堆一号汉墓出土角质环首刀，出土时盛放在五子漆奁中，无刀鞞，长21厘米。

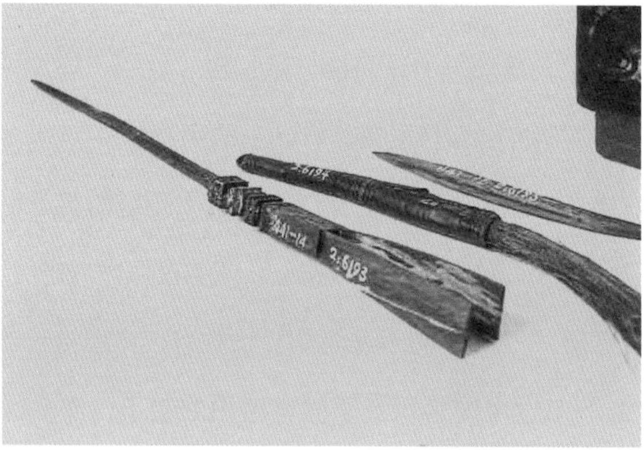

马王堆汉墓出土的角镊

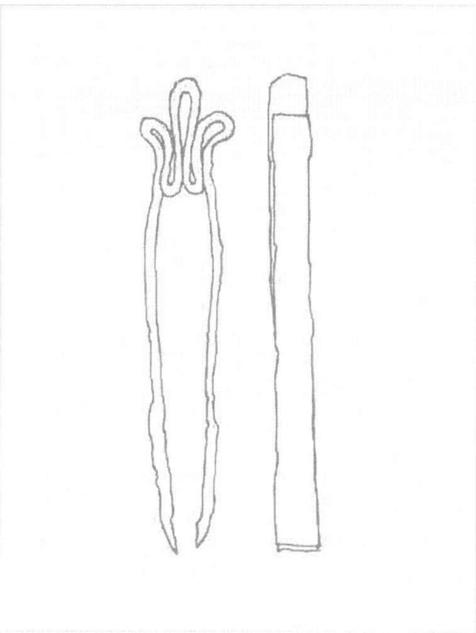
广东广州汉墓出土的铁镊

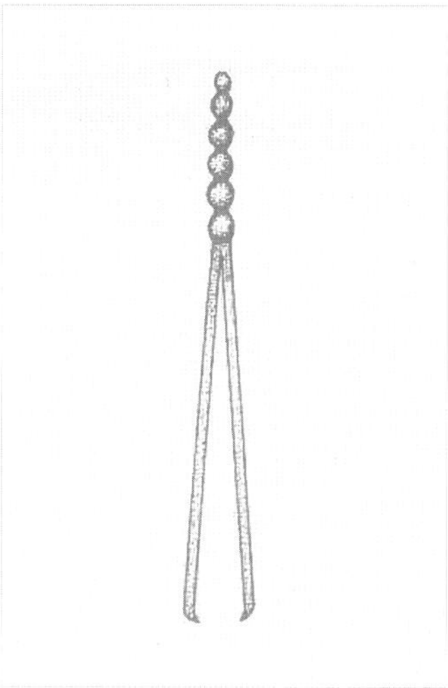
陕西西安唐墓出土的铜镊

以随意取下或安上的镊片，另外一头是尖锥形，可以作锥子用。

还有的时候，镊可作发簪，可以用来插在发间，是首饰的一种，美称“宝镊”。《后汉书·舆服志下》：“簪……下有白珠，垂黄金镊。”梁江洪《咏歌姬诗》：“宝镊间珠花，分明靓妆点。”龙辅《女红余志》：“袁术姬冯方女，有千金宝镊，插之增媚。”就是指这种首饰。广州汉墓出土的铁镊，是用扁铁弯制而成，镊子的顶端被弯曲成各种花样，如花、鸟等，极具装饰性。

陕西西安郭家滩唐墓出土的铜镊，其顶端饰有一串六个小圆球，出土时是放在女性头骨附近，与金钗等饰物放置在一处。

安徽合肥西郊五代墓出土的铜镊，与我们现代女性使用的眉镊形状功能完全相同，镊尾还可用作耳挖，更有实用性。（参见《中

安徽合肥西郊五代墓出土的铜镊

国历代妇女妆饰》)

还是马王堆汉墓里，还有一把玳瑁篦，篦齿59根，其细密令现代人也为之惊叹。一般认为篦是一种比梳子齿密的梳头用具，用于剔除发垢。唐李贺《秦宫》诗："鸾篦夺得不还人，醉睡氍毹满堂月。"王琦汇解："篦，所以去发垢，以竹为之。鸾篦，必鸾形象之也。"又称"落尘"、"洛成"。宋无名氏《奚囊橘柚》："丽居，孙亮爱姬也，鬒发香净，一生不用洛成。"原注："洛成，即今'篦梳'。"说这位美女的头发特别好，一生都不用篦子，反之，也就是说对于普通女子，篦子是必不可少的。其实，篦还有一个别名，即"眉匠"，宋陶谷《清异录·眉匠》："篦诚琐缕物也，然丈夫整鬓，妇人作眉，舍此无以代之，余名之曰鬓师、眉匠。"可见它还有梳理眉毛的功用。

马王堆汉墓出土玳瑁篦

后来，还出现了专门的眉梳。清代的银眉梳仅有香烟长短，梳齿细密，做工精巧，玲珑可爱。仅仅是想象一只玉手拿着它在细长的眉毛上拂过，其情其景便可入画呢。

修眉之后，就是要画出理想的形状了，今天我们有各式各样的眉笔，古代的女子又用什么来画眉呢？

“粉白黛黑”，从现存的文献资料来看，最早的画眉材料便是“黛”了，所谓“南都石黛，最发双蛾”（南朝梁陈间·徐陵《玉台新咏序》），黛是一种黑色矿物，也称“石黛”，长期以来一直是中国古代女子画眉的主要材料。使用的时候，要把黛放在的黛砚（亦称黛板、板砚）上，用砚杵慢慢研磨成粉状，加水调和，然后再涂到眉上。

据专家说，石黛又称“黑石脂”、“画眉石”等，明·李时珍《本草纲目·金石三·五色石脂》云：“此乃石脂之黑者，亦可为墨，其性黏舌，与石炭不同，南人谓之画眉石。许氏《说文》云：‘黛，画眉石也。’”明人沈榜《宛署杂记·山川》明代蒋一葵《长安客话》和《日下旧闻考》《帝京景物略》中都有类似的记载，说宛平县西北斋堂村产画眉而《岭南风物记》有：画眉石出惠州，妇人可

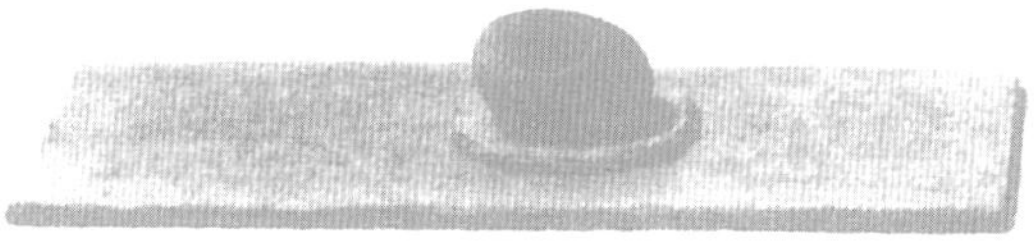

江西南昌东郊西汉墓出土的青石黛砚。黛砚在考古中常有发现，广西贵县罗泊湾、江苏泰州新庄等都出土过汉黛砚，多为长方形薄砚，与书写所用的砚区别不大。

用画眉；《天中记》则说："画眉石，武昌有之，出于樊湖，可以代七香图"，可见画眉石分布之广。石，"黑色而性不坚，磨之如墨。金时宫人多以画眉"，亦曰"黛石"。

只是，黛也并非全是天然的，宋代一部大型的道教典籍，张君房的《云笈七签》卷七十一《金丹部》中就有"造石黛法"："苏方木半斤细碎之，以水二斗煮取八升。又石灰二分着中，搅之令稠。煮令汁尽出，讫，蓝汁浸之，五日成。用。"这种苏方木是原产地为印度、马来西亚等地的一种植物，早在唐朝就被引进中国，是一种重要且贵重的天然染料，明朝时候还曾经把它发放给官员们作为俸禄和奖金呢。苏方木本身是红色系的染料，再用蓝汁浸过，就成为了黑色。

黛里面有一种非常高端的，叫做"螺黛"（又称螺子黛），隋炀帝对吴绛仙的爱宠也体现在这里。据颜师古《隋遗录》记载，绛仙因眉获宠之后，"由是殿角女争效为长蛾眉，司宫吏日给螺子黛五斛，号为蛾绿。螺子黛出波斯国，每颗值十金。后征赋不足，杂以铜黛给之，独绛仙得赐螺子黛不绝"。这种来自波斯的舶来品价格是如此昂贵，女人们的消耗又如此之巨，所以即使是宫廷之中也不是人人能够得到。这种螺黛已经是一种加工成固定形状的块状物，使用时不用碾碎，只要蘸水就可以了，大大节约了化妆时间。

而其替代品铜黛，又被称为铜绿，就是用铜表面所生成的绿锈制成的颜料，可以入药。明·李时珍《本草纲目·金石·铜青》中介绍过其制作方法，曰："铜绿……近时人以醋制铜生绿，取收晒干货之。"看样子古代的化妆品，也催生了不少化学家啊。

到了宋代，女人们画眉又有了新材料。陶谷《清异录》"胶煤变相"所说的那位妓女莹姐，以百变眉式的造型博得了男人们欢心的同时，当然也就得罪了这些男人家里的女人们，于是"有细宅眷而不喜莹者，谤之为胶煤变相"。"自昭、哀来，不用青黛扫拂，皆以善墨火煨染指，号熏墨变相。"这时流行的就是这种以烟熏制成的画眉墨。宋末类书《事林广记》记录画眉墨的制作方法："真麻油一盏，多着灯心搓紧，将油盏置器水中焚之，覆以小器，令烟凝上，随得扫下。预于三日前，用脑麝别浸少油，倾入烟内和调匀，其墨可逾漆。一法旋剪麻油灯花，用尤佳。"这种烟熏的画眉墨，还有一个非常好听的名字——画眉集香圆。

浓眉之妓固然有自己的烦恼，天生眉毛浅淡稀少的女子们也心有不甘，即使可以画出各种形状的眉毛。好在中国的传统医学博大精深，仅"生眉方"就能找出不少，比如《外台秘要》卷三十二就有生眉毛方二首："千金生眉毛方。炉上青衣铁生（分等）上二味，以水和涂之，即生甚妙。又方七月乌麻花阴干，末生乌麻油，二味和，涂眉即生妙。"再如《元戎》卷十二所记"桑寄生一钱，南星一钱，半夏一钱，没药一钱"，也有生眉的功效。

三

“洞房昨夜停红烛，待晓堂前拜舅姑。妆罢低声问夫婿，画眉深浅入时无？”（唐·朱庆余《近试上张水部》）新婚第一天早上，天还没亮新娘就起来了，因为按规矩要去给公公婆婆请安，她在镜前细细梳妆完毕，左右端详，虽然自己已经找不出半分瑕疵，心里还是有点忐忑，所以悄声问丈夫：“我眉毛画得合不合时尚呢？”这是唐代诗人朱庆余写给前辈张籍的一首诗，诗歌的原意是试探自己的文章是否能入考官的眼，然而一句“画眉深浅入时无”，却道出了中国古代女子对于眉毛的在意。

因为对一名古代女子来说，画眉，描画的不仅仅是容貌，还画着她对于爱情、对于婚姻、对于自己一生的最美好的期待。

“古之美人，以眉著者得四人焉。曰庄姜、曰卓文君、曰张敞妇、曰吴绛仙。”（《十眉谣·小引》）这是史上最有名的四个“美眉”了，庄姜螓首蛾眉，文君眉如远山，绛仙特赐螺黛，前面俱已提过，而张敞妇，即西汉时京兆尹张敞的妻子，虽然她没有像其他三位女子那样在历史上留下自己的名字，却因为一段画眉的韵事，成为幸福的典范，令后世的女子心心念念向往不已。

张敞（前？—前48年），是西汉时期有名的大臣，后来做到京兆尹之职，就是当时首都的行政长官。据《汉书·张敞传》载，他以切谏显名，后来勃海、胶东盗贼并起，他上书自请治之，国中遂平。为人敏疾，赏罚分明，见恶辄取；其政颇杂儒雅，往往表贤显善，朝廷每有大议，他征引古今，处置得当，公卿皆服，天子数从之……总之，这是一位治世能臣。但是，这些丰功伟绩早已随着岁月湮没在了史书里，后人反复吟唱的却是他“为妇画眉”，据说他能为妻子画出秀丽的双眉，以至于“长安中传张京兆眉怃（妩）。有司以奏敞。上问之，对曰：‘臣闻闺房之内，夫妇之私，有过于画眉者。’上爱其能，弗备责也。”本是夫妻恩爱的一件小事，却被人——想是出于羡慕嫉妒恨吧，奏到了宣帝那里，虽说宣帝因为他巧妙的回答而没有责备，然张敞“终不得大位”。元杨维桢《眉怃词》便是记录了这件事：“朝画眉，暮画眉，画眉日日生春姿。长安已知京兆怃，有司直奏君王知。君王毛举人间事，不咎人间夫妇私。”“眉妩臣罪小，君王一笑休。明日章台路，便面越风流。”（宋·牟巘五《张敞画眉图》）从此“张敞画眉”一事，在诗词中久远流传，“莲渡江南手，衣渝京兆眉”（《乐府诗·汉铙歌·钓竿》），“自怜京兆双眉妩，会待南来五马留”（唐·张悦

《乐世词》),“画眉京兆风流甚,应赋蛜蝛”(宋·张孝祥《丑奴儿》),“画眉不待张京兆,自有新妆试落梅”(宋·欧阳修《春日词》)……对于男人来说,为女子画眉自是风雅韵事,“大丈夫苟不能干云直上,吐气扬眉,便须坐绿窗前,与诸美人共相眉语,当晓妆时,为染螺子黛,亦殊不恶”(张潮《十眉谣小引》);对于女人来说,“画眉”更是作为一个爱情的象征,成为她心中最美的梦想。

小小的她就开始摹仿母亲,学习画眉,“学母无不为,晓妆随手抹。移时施朱铅,狼藉画眉阔”(唐·杜甫《北征》),慢慢地,“八岁偷照镜,长眉已能画”(唐·李商隐《无题》),她掌握了画眉的技巧,却并不明白画眉的涵义,直到她终于长大。“宝髻偏宜宫样,莲脸嫩,体红香。眉黛不须张敞画,天教入鬓长。莫倚倾国貌,嫁取个有情郎。彼此当年少,莫负好时光。”(《好时光》)这首出自多情帝王唐玄宗李隆基(685—762)之手的婉约小词,道出了每个女孩的美好心愿——“嫁取个有情郎”。“芳萱初生时,知

张敞画眉图

是无忧草。双眉画未成，那能就郎抱。”（南朝《子夜吴歌》）其实，从懂得画眉涵义的那天起，她就不再是一株无忧草。“易求无价宝，难得有情郎”，世间“情”究竟为何物呢？就说这位唐玄宗，当他专宠杨贵妃时，后宫中也曾受宠一时的梅妃江采萍哀怨难抑，玄宗便密赐梅妃一斛珍珠以示安慰，梅妃却将珍珠退回了，还附了一首诗：“柳叶双眉久不描，残妆和泪湿红绡。长门自是无梳洗，何必珍珠慰寂寥。”珍珠自是无价，他却不是她一个人的“有情郎”，所以珍珠不能抚慰她的寂寞，双眉也没有了描画的理由。明代女诗人张妙净有一首《和铁厓〈西湖竹枝〉》：“忆把明珠买妾时，妾起梳头郎画眉。郎今何处妾独在，怕见花间双蝶飞。”或许正可以为梅妃此诗做个注脚吧。

其实，与宫中更多寂寂一生的女人相比，梅妃的境遇恐怕还不算太差。“学画蛾眉独出群，当时人道便承恩。经年不见君王面，花落黄昏空掩门。”（唐·刘媛《相和歌辞·长门怨》）太多善画眉却梦想有一个画眉郎的女人在等待中消尽了青春，不见白居易的《上阳白发人》么？“上阳人，红颜暗老白发新。……玄宗末岁初选入，入时十六今六十。……皆云入内便承恩，脸似芙蓉胸似玉。未容君王得见面，已被杨妃遥侧目。妒令潜配上阳宫，一生遂向空房宿。宿空房，秋夜长，夜长无寐天不明。耿耿残灯背壁影，萧萧暗雨打窗声。……今日宫中年最老，大家遥赐尚书号。小头鞋履窄衣裳，青黛点眉眉细长。外人不见见应笑，天宝末年时世妆。上阳人，苦最多。少亦苦，老亦苦，少苦老苦两如何！……”从希冀到失落、从悲伤到麻木，她日复一日地细细地描画着细细的长眉，却不知，这妆容早已过时。“眉上锁新教配钥匙，描笔儿勾销了伤春事”（元·乔吉《双调·水仙子·怨风情》），怎样才能打开这紧锁的双眉呢？

“黛眉曾把春衫印。后期无定，断肠香销尽。”（宋·周邦彦《品令》）“睡余罗袖印眉山，行傍妆台理坠鬟”（宋·武衍《宫中词》）。由于画眉所用的材质的关系，很容易印染在衣物上，“黛眉印在微微绿，檀口消来薄薄红”（唐·韩偓《余作探史因而有诗》），“眉印”（“眉痕”）如同唇印一样，也成为古代女子表达自己情感的一种方式。欧阳修《玉楼春》中还写了一名女子特意“印眉”的经过：“半辐霜绡亲手剪，香染青蛾和泪卷。画时横接媚霞长，印处双沾愁黛浅。当时付我情何限，欲使妆痕长在眼。一回忆着一拈看，便似花前重见面。”金代诗人蔡珪《画眉曲》：“小阁新裁寄远书，书成欲遣更踟蹰。黛痕试与双双印，封入云笺认得无。”连同书信一起寄来的眉印，想必也会深印在男子心头吧。

唐代孙棨所撰笔记《北里志》，成书于中和四年（884），记载了中和以前长安城北平康里的歌妓生活，其中《颜令宾》一篇颇可令人玩味：

颜令宾居南曲中，举止风流，好尚甚雅，亦颇为时贤所厚。事笔砚，有词句，见举人尽礼祗奉，多乞歌诗，以为留赠，五彩笺常满箱箧，后疾病且甚……因教小童曰："为我持此出宣阳亲仁已来，逢见新第郎君及举人，即呈之，云曲中颜家娘子将来，扶病奉候郎君。"因令其家设酒果以待。逡巡至者数人，遂张乐欢饮，至暮，涕泗交下，曰："我不久矣，幸各制哀挽以送我。"初其家必谓求赙，送于诸客，甚喜，及闻其言，颇慊之。及卒，将瘗之日，得书数篇，其母拆视之，皆哀挽词也。母怒，掷之于街中，曰："此岂救我朝夕也？"其邻有喜羌竹刘驼驼，聪爽能为曲子词。或云尝私于令宾，因取哀词数篇，教挽柩前同唱之，声甚悲怆，是日瘗于青门外。或有措大逢之，他日召驼驼使唱，驼驼尚记其四章。一曰："昨日寻仙子，辆车忽在门。人生须到此，天道竟难论。客至皆连袂，谁来为鼓盆？不堪襟袖上，犹印旧眉痕。"……四曰："奄忽那如此，夭桃色正春。捧心还动我，掩面复何人。岱岳谁为道，逝川宁问津。临丧应有主，宋玉在西邻。"自是盛传于长安，挽者多唱之。

这位颜令宾是长安名妓，雅好诗词，更于病重之时邀请新科举子等人至家欢饮，然后珠泪盈盈，泣请各位才子为她创作挽诗，真是众家书生梦想中的风尘才女、红颜知己了。当然大家也不负所请，各展文才，"不堪襟袖上，犹印旧眉痕"之句，也算得上情真意切、哀感动人了。但是，故事至此并未结束，接下来还有这样几句：

或询驼驼曰："宋玉在西，莫是你否？"驼驼哂曰："大有宋玉在。"诸子皆知私于乐工及邻里之人，极以为耻，递相掩覆。

原来这位风雅女子，还与众多的乐工及邻里之人有私情呢，传统香艳的才子佳人故事被解构、被颠覆了，各位书生纷纷梦断，"极以为耻"，在这里，他们似乎忘了，她本来的职业。

画眉确实有易染易糊的缺点，今天的女人为了避免这个，同时也省却天天画眉的麻烦，有"文眉""绣眉"的方法，可以一劳永逸。而另外一本唐人笔记，段成式（803—863）的《酉阳杂俎》卷八"黥"中则记载了一件类似文眉的故事，只是读来令人有些胆战心惊：

房孺复妻崔氏，性忌，左右婢不得浓妆高髻，月给胭脂一豆，粉一钱。有一婢新买，妆稍佳，崔怒曰："汝好妆耶？我为汝妆！"乃令刻其眉，以青填之，烧锁梁，灼其两眼角，皮随手焦卷，以朱傅之。及痂脱，瘢如妆焉。

这个房孺复，最初曾娶了一位郑氏，却不知为何十分厌恶她，于她产后三四天便令其陪同自己外出，以至于几日后郑氏便得风疾而亡。续娶的这位崔氏是台州刺史崔昭的女儿，为人悍妒，只因新买的婢女妆饰得稍好一点，就被"刻其眉，以青填之"，"灼其两眼角"。而这对于崔氏来说还是小菜呢，一天晚上，她还命人杖杀了房孺复的两个侍婢，将尸体埋在雪中。这件事终于触犯了律法，浙东观察命法司立案审理，将房孺复贬为连州司马，并下令崔氏与之离异。不过，这样一位悍妇倒是令丈夫念念不忘，后来房孺复再升为辰州刺史，改容州刺史，“乃潜与妻往来，久而上疏请合，诏从之。二岁余，又奏与崔氏离异”……这份孽缘，真让人无从置喙。

最后，还记得金庸《倚天屠龙记》的结尾吗？赵敏要张无忌为她做一件事，张无忌非常紧张，只恐这个小魔女又出什么难题给自己，赵敏却嫣然一笑 :“我的眉毛太淡，你给我画一画。这可不违反武林侠义之道罢？”女人与男人的不同大抵就是如此了吧，往往，他心系天下，她却放弃了一切甚至背弃了父兄，只是想要一个可以为自己一生画眉的人。

十眉谣

明清之际·徐士俊

小引

古之美人，以眉著者得四人焉。曰庄姜、曰卓文君、曰张敞妇、曰吴绛仙。庄姜螓首蛾眉，文君眉如远山，张敞为妇画眉，绛仙特赐螺黛。由今思之，犹足令人心醉而魂消也。然庄与卓质擅天生，而张与吴兼资人力，二者不知为同为异。春秋之世，管城子尚未生，庄姜之眉自非画者。第不知文君当日亦复画眉否？汉梁冀妻孙寿作愁眉、啼妆、龋齿笑、折腰步，京都人咸争效之。其后，卒以兆乱。眉之所系如此。大丈夫苟不能干云直上，吐气扬眉，便须坐绿窗前，与诸美人共相眉语，当晓妆时，为染螺子黛，亦殊不恶。而乃俱不可得，唯日坐愁城中，双眉如结，颦蹙不解，亦何惫也。西湖徐野君先生，风流倜傥，为文士中白眉，所著《十眉》、《十髻》两谣，摹写尽致，点染生姿。捧读一过，令人喜动眉宇，手不忍释，乃知名士悦倾城，良非虚言也。先生著作颇富，其《雁楼集》久已传播艺林。予生晚，不获登其堂而浮太白以介眉寿，仅从遗集中睹其妙制耳，前辈风流可复见耶！心斋张潮撰。

一、鸳鸯

鸳鸯飞，荡涟漪；鸳鸯集，戢左翼。年几二八尚无良，愁杀阿侬眉际两鸳鸯。

二、小山

春山虽小，能起云头；双眉如许，能载闲愁。山若欲雨，眉亦应语。

三、五岳

群峰参差，五岳君之；秋水之纹波，不为高山之峨峨。岳之图可取负，彼眉之长莫频皱。

四、三峰

海上望三山，缥缈生烟采。移作对面观，光华照银海。银海竭，三峰灭。

五、垂珠

六斛珠，买瑶姬。更加一斛余，买此双蛾眉。借问蛾眉谁与并，犹能照君前后十二乘。

六、月棱

不看眉，只看月。月宫斧痕修后缺，才向美人眉上列。

七、分梢

画山须画双髻峰，画树须画双丫丛，画眉须画双剪峰。双剪峰，何可拟？前梅梢，后燕尾。

八、烟涵

眉，吾语汝，汝作烟涵，侬作烟视。回身见郎旋下帘，郎欲抱侬若烟然。

九、拂云

梦游高唐观，云气正当眉，晓风吹不断。

十、倒晕

黄者檀，绿者蛾，晓霞一片当心窝。对镜绾约覆纤罗，问郎晕澹宜倒么。

跋

美人妆饰，古今异尚。古人涂额以黄，画眉以黛。额之黄，殊不雅观，今人废之，良是。第不知黛之色，浅深浓淡何若？大抵当如佛头青。然古又有粉白、黛绿之云，则是黛为绿色。数寸之面，五色陆离，由今思之，亦殊近怪，岂古人司空见惯，遂觉其佳而不复以为异耶？噫！古之眉不可得而见矣，所可见者，今之眉耳。余意画眉之墨，宜陈不宜新，陈则胶气解也；画眉之笔，宜短不宜长，短则与纤指相称，且不致触于镜也。鄙见如此，安能起野君于九泉而质之。心斋居士题。

娇香淡染胭脂雪

辱井者，三人俱投之井也，在寺之南，甚小，而水可汲。意其地良是，而井则可疑。世传二妃将坠，泪渍石栏，故石脉类胭脂，俗又呼胭脂井。或云：以帛拭之，尚为此色。

这是南宋名相周必大在其《二老堂杂志 · 记金陵登览》中记录的一则故实，所谓“胭脂井”，是南朝陈景阳宫的景阳井，故址在今南京市。而“三人”，则指南朝最后一位帝王——在位时间只有短短五年的陈后主陈叔宝（553—604），和他的宠妃张丽华、孔贵嫔了。他们的故事，真真是可以用孔尚任《桃花扇》的句子来概括的：

“眼见他起高楼”：后主“于光照殿前起临春、结绮、望仙三阁。阁高数丈，并数十间，其窗牖、壁带、悬楣、栏槛之类，并以沉檀香木为之，又饰以金玉，间以珠翠，外施珠帘，内有宝床、宝帐、其服玩之属，瑰奇珍丽，近古所未有。每微风暂至，香闻数里，朝日初照，光映后庭。其下积石为山，引水为池，植以奇树，杂以花药。后主自居临春阁，张贵妃居结绮阁，龚、孔二贵嫔居望仙阁，并复道交相往来”（《陈书 · 张贵妃列传》）。

“眼见他宴宾客”：“后主每引宾客对贵妃等游宴，则使诸贵人及女学士与狎客共赋新诗，互相赠答，采其尤艳丽者以为曲词，被以新声，选宫女有容色者以千百数，令习而歌之，分部迭进，持以相乐。其曲有《玉树后庭花》、《临春乐》等，大指所归，皆美张贵妃、孔贵嫔之容色也”（《陈书·张贵妃列传》）。

“眼见他楼塌了”：隋兵鼙鼓入殿来，惊破《玉树后庭花》。仿佛只是刹那间，一切就倾塌了。仓促中，他只能与她们逃出后堂景阳殿，投身井中。坠落之间，沾染着胭脂的泪水洒落在井栏上，故此井后来被称为胭脂井，又称辱井。“玉树歌残秋露冷，胭脂井坏寒螀泣。”（元·萨都剌《满江红·金陵怀古》）那首曾被视为“仙乐”的《玉树后庭花》：“丽宇芳林对高阁，新装艳质本倾城。映户凝娇乍不进，出帷含态笑相迎。妖姬脸似花含露，玉树流光照后庭。花开花落不长久，落红满地归寂中！”（传说末二句为后人所加）成为诗谶，更成为史上最著名的亡国之音。而那曾被视若“神仙”的靓妆佳人：“张贵妃发长七尺，鬒黑如漆，其光可鉴。特聪惠，有神采，进止闲暇，容色端丽。每瞻视盼睐，光采溢目，照映左右。常于阁上靓妆，临于轩槛，宫中遥望，飘若神仙。”（《陈书·张贵妃列传》）也只在井栏上留下了一道抹不去的胭脂红痕。

一

其实，中国千百年来的女子在脸上作画，画风流派虽各各不同，单就色彩而言，最常用到的也不过三种：黑、白、红。眉要黑，唇要红，皮肤要白里透红。红色，无论或深或浅，都因于黑白之中赋予了生命感而在中国古代女子的妆容中不可或缺。红妆、红颜、红粉……都既是女子妆容的代称，也成为了女子的代称。

宋人高承在《事物纪原》中说：“秦始皇宫中，悉红妆翠眉，此妆之始也。”实际上，从战国时期宋玉《登徒子好色赋》所描摹的“著粉则太白，施朱则太赤”的“东家之子”来看，中国古代女子的红妆之始要远早于秦。只是秦汉时期，由于胭脂的传入，使这红妆愈加鲜明。《西京杂记》卷一称“赵后（飞燕）体轻腰弱，善行步进退，女弟昭仪（合德），不能及也。但昭仪弱骨丰肌，尤工笑语。二人并色如红玉。”“色如红玉”，如果不是天生的好气色，应该便是红妆的效果了。

魏晋时的红妆中名声最响的是“晓霞妆”，相传始自魏文帝曹丕的美人名薛夜来。她原名薛灵芸，常山人，容貌绝世，经常有邻家少年夜来偷窥，而终不得见。这样的美女当然无法留在民间，她被献给了文帝，尽管并不情愿。“灵芸闻别父母，歔欷累日，泪下沾衣。至升车就路之时，以玉唾壶承泪，壶则红色。既发常山，及至京师，壶中泪凝如血。”（晋·王嘉《拾遗记》卷七）这颇有灵异色彩的红泪，想来与红妆也不无关系吧。“灵芸未至京师十里，帝乘雕玉之辇，以望车徒之盛，嗟曰：‘昔者言朝为行云，暮为行雨，今非云非雨，非朝非暮。’改灵芸之名曰‘夜来’，入宫后居宠爱。”从此民间少了一个叫灵芸的女子，而宫中多了一个叫夜来的宠妃。除了貌美之外，夜来还妙于针工，宫中号为“针神”。这秀外慧中的女子深得文帝宠爱，“一夕，文帝在灯下咏，以水晶七尺屏风障之。夜来至，不觉面触屏上，伤处如晓霞将散，自是宫人俱用胭脂仿画，名晓霞妆。”（张泌《妆楼记》）完美无缺的脸竟然有了伤痕，原本是一件憾事，想不到居然引起一种妆容的流行，这就是时尚的无心插柳罢。

还有南朝宋武帝之女寿阳公主带来的“寿阳妆”，又称“梅花妆”。“人日（旧俗以农历正月初七为人日）卧于含章殿檐下，梅花落公主额上，成五出花，拂之不去。皇后留之，看得几时，经三日，洗之乃落。宫女奇其异，竟效之，今梅花妆是也。”（宋·李瓘等《太平御览·时序部·十五·人日》）这个梅花，可以是花钿贴成，也可以胭脂画成。

隋朝的红妆则有“桃花妆”：“隋文宫中梳九真髻，红妆谓之桃花面，插翠翘桃华搔头，帖五色花子。炀帝令宫人梳迎唐八鬟髻。插翡翠钗子作日妆，又令梳翻荷鬟，作啼妆，坐愁髻，作红妆。”（《妆台记》）

对于红妆最为热爱的莫过于大唐女子了，“三千宫女胭脂面”（唐·白居易《后宫词》），“归到院中重洗面，金花盆里泼红泥”（唐·王建《宫词》），冬有“红冰”：“杨贵妃初承恩召，与父母相别，泣涕登车，时天寒，泪结为红冰”，这红冰与薛灵芸的红泪堪有一比；夏有“红汗”：“贵妃每至夏月，常衣轻绡，使侍儿交扇鼓风，犹不解其热。每有汗出，红腻而多香，或拭之于巾帕之上，其色如桃红也。”（五代·王仁裕《开元天宝遗事》）处处浓墨重彩的红色彰显着她们旺盛、恣肆的生命力。

胭脂用在面颊上，可以有几种方式（参见《中国历代妇女妆饰》）：或是先施粉，再以胭脂晕掌中，施之两颊，浓者为“酒晕妆”，浅者为“桃花妆”；或者先薄施胭脂，再以粉罩之，为“飞霞妆”；或以胭脂直接涂画不同形状，为“斜红妆”——唐代墓中出土的女俑，脸部就常用胭脂绘有两道红色的妆饰，其色泽浓艳而形象古怪，有的工整形如月牙，有的则被故意晕染成残破血迹模样，更加宛若伤疤，就是这种特殊的妆容了；长庆年间（821—824）

新疆吐鲁番阿斯塔那唐墓出土文物的泥头木身俑和绢画中的斜红妆女子

还流行过一种“血晕妆”:“长庆中，京城妇人首饰，有以金碧珠翠，笄栉步摇，无不具美，谓之‘百不知’。妇人去眉，以丹紫三四横约于目上下，谓之血晕妆。”(《唐语林 · 补遗二》)，刮去眉毛，再用红、紫两色在眼睛上下抹上三四道，然后可能还要晕开，这种妆容名字听上去便有几分杀伐之气，想象中更好似现在恐怖片中女鬼的造型啊。

胭脂还被用在唇上:“唐末点唇，有胭脂晕品:石榴娇、大红春、小红春、嫩吴香、半边娇、万金红、圣檀心、露珠儿、内家圆、天宫巧、恪儿殷、淡红心、猩猩晕、小朱龙、格双唐、眉花奴。”(唐 · 宇文氏《妆台记》)

宋·苏汉臣：妆靓仕女图

五代时期流行的红妆则有“醉妆”。《新五代史·王衍传》云：“后宫皆戴金莲花冠，衣道士服，酒酣免冠，其髽髻然；更施朱粉，号‘醉妆’，国中之人皆效之。”

宋代女子与唐代女子的浓丽明艳不同，她们更钟爱“淡匀轻扫”的素妆，“淡画眉儿浅注唇”（宋·辛弃疾《鹧鸪天》），浅粉色的“檀晕妆”颇为流行。就是先把铅粉与胭脂调和在一起，使之成为檀粉，可以直接将檀粉涂抹于面颊，也可以先上一层铅粉，再上檀粉。檀晕妆的特点是色彩柔和均匀，清新雅致。

明清时期的女子无论淡抹浓妆，仍离不了胭脂。《红楼梦》四十四回《变生不测凤姐泼醋　喜出望外平儿理妆》中，宝玉精心制作的胭脂是这样使用的：“‘只要细簪子上挑上一点儿，抹在唇上，足够了；用一点水化开，抹在手心里，就足够拍脸的了。’平儿依言妆饰，果然鲜艳异常，且又甜香满颊。”清宫中的慈禧太后年近七旬仍喜欢胭脂，她曾对陪伴在自己身边的裕德龄（1886—1944）说：“你脸上的胭脂总是搽得不够，人家没准要拿你当寡妇呢。嘴唇上也要多搽些胭脂，这是规矩。”而搽胭脂的时候，“伊先把剪下的一小方红丝棉在一杯温水中浸了一浸，便取出来在两个手掌的掌心里轻轻地擦着，擦到伊自己觉得已经满意了，这才停止。因为从前的女人，掌心上总是搽得很红的，所以太后第一步也是搽掌心。掌心搽好，才搽两颊。……伊把伊的脸和镜子凑得非常的近，并且极度的小心搽着，以期不太浓，也不太花，正好适宜为度。”一般清宫女子用胭脂的时候，则是“小手指把温水蘸一蘸洒在胭脂上，使胭脂化开，就可以涂手涂脸了”，她们“两颊是涂成酒晕的颜色，仿佛喝了酒以后微微泛上红晕似的。万万不能在颧骨上涂两块红膏药，像戏里的丑婆子一样”。今天留存下来的清朝照片中，宫女们脸上两团红红的胭脂仍清晰可见。

二

中国古代女子妆容中的“红”，最初是依靠丹砂来完成的，所谓“颜如渥丹”（《诗 · 秦风 · 终南》）、“赫如渥赭”（《诗 · 邶风 · 简兮》）、“朱唇皓齿”（《楚辞 · 大招》）、“朱唇的其若丹”（宋玉《神女赋》），“丹”“朱”，即丹砂，又称朱砂。其色深红，古代道教徒用以化汞炼丹，中医作药用，也用于制作颜料。

到汉代，胭脂已由西域传入中原，逐渐成为红妆的主要颜料。胭脂，又写作焉支、燕支、烟支、燕脂等，其中“焉支”应该是较早的写法，因其出自今甘肃省永昌县西、山丹县东南的焉支山。此山下有一种植物名为“红蓝”，是最早用来制作胭脂的原料。习凿齿《与谢侍中书》云：“此有红蓝，足下先知之否？北方人采取其花，染绯黄接其上，英鲜者作燕支，妇人妆时用作颊色。作此法：大如小豆许，而按令遍，色殊鲜明可爱。吾小时再三过见燕支，今日始睹红蓝耳。后当为足下致其种。匈奴名妻‘阏氏’，言可爱如燕支也，阏字音燕，氏字音支。想足下先亦作此读汉书也。”崔豹《古今注》也提到：“燕支叶似蓟，花似蒲公，出西方，土人以染，名为燕支，中国人谓之红蓝。以染粉为面色，谓为燕支粉。”据说汉代匈奴单于、诸王之妻被称为“阏氏”（yānzhī），就与她们常用胭脂妆饰不无关系。焉支山山势险要，是兵家必争之地。据《史记·匈奴列传》载，汉大将霍去病曾越此山大破匈奴。匈奴失祁连、焉支二山，乃歌曰：“亡我祁连山，使我六畜不蕃息；失我焉支山，使我妇女无颜色。”女子的妆容，与家国命运，也有万千的联系。

红蓝，是菊科一年生草本植物，高三四尺，夏季开红黄色花，中医以之入药，又称红花。红蓝花加工成胭脂的过程，北魏贾思

红蓝花

勰的《齐民要术·种红蓝花栀子》里有非常详细的记载，首先是“杀花”：“摘取即碓捣使熟，以水淘，布袋绞去黄汁，更捣，以粟饭浆清而醋者淘之，又以布袋绞汁，即收取，染红勿弃也。绞讫着瓮器中，以布盖上，鸡鸣更捣以栗令均，于席上摊而曝干，胜作饼，作饼者，不得干，令花浥郁也。”然后才是“作燕支法”：“预烧落藜、藜藿及蒿作灰，以汤淋取清汁，揉花，布袋绞取纯汁着瓮碗中，取醋石榴两三个，擘取子，捣破少着粟饭浆水极酸者和之，布绞取瀋，以和花汁。下白米粉大如酸枣，以净竹着不腻者良久痛搅，盖冒至夜，泻去上清汁至淳处止，倾着白练角袋子中悬之，明日干浥。浥时捻作小瓣，如半麻子，阴干之，则成矣。”因为红蓝花含有红、黄两种色素，所以要将黄色素分离出去，才能得到纯净的红色。后来，人们在这种红色颜料中加入牛髓、猪胰等脂膏，燕支渐渐成为了“燕脂”“胭脂”——“北窗向朝镜，锦帐复斜萦。娇羞不肯出，犹言妆未成。散黛随眉广，燕脂逐脸生。”(梁·萧纲《美人晨妆》)

再往后，越来越多可以制作胭脂的材料被发现，中医古籍中曾记录有苏方木、蜀葵花、黑豆皮、重绛等多种制作胭脂的原料和制作方法。如唐王焘《外台秘要》“崔氏造燕脂法”：“准紫铆（一斤别捣），白皮（八钱别捣碎，）胡桐泪（半两），波斯白石蜜（两磥），上四味，于铜铁铛器中着水八升，急火煮水令鱼眼沸，内紫铆，又沸，内白皮讫，搅令调，又沸，内胡桐泪及石蜜，经十余沸，紫铆并沉向下，即熟，以生绢滤之，渐渐浸叠絮上，好净绵亦得，其番饼小大随情，每浸讫，以竹夹如干脯猎于炭火上炙之燥，复更浸，浸经六七遍即成，若得十遍以上，益浓美好。”唐代段公路《北户录》记载有“山花燕脂”：“山花丛生，端州山崦间多有之。其叶类蓝，其花似蓼，抽穗长二三寸，作青白色，正月开，土人采含苞者卖之，用为燕支粉。或持染绢帛，其红不下蓝花。”此外，他还记有石榴花作胭脂之事：“郑公虔云：石榴花堪作燕支，代国长公主（689—734），睿宗女也。少尝作燕支，弃子于阶，后乃丛生成树，花实敷芬，既而叹曰：‘人生能几？我昔初笄，尝为燕支，弃其子，今成树阴映琐闼，人岂不老乎！’”昔日制作胭脂之余顺手丢弃的石榴子，已是“绿叶成荫子满枝”了，

蜀葵花

人，又岂能不老呢？

明李时珍《本草纲目·草》卷十五中也提到了几种不同的胭脂。“燕脂有四种：一种以红蓝花汁染胡粉而成，乃苏鹗演义所谓燕脂叶似蓟，花似蒲，出西方，中国谓之红蓝，以染粉为妇人面色者也；一种以山燕脂花汁染粉而成，乃段公路《北户录》所谓端州山间有花丛生，叶类蓝，正月开花似蓼，土人采含苞者为燕脂粉，亦可染帛，如红蓝者也；一种以山榴花汁作成者，郑虔《胡本草》载之；一种以紫铆染绵而成者，谓之胡燕脂，李珣《南海药谱》载之，今南人多用紫铆燕脂，俗呼紫梗是也。大抵皆可入血病药用。又落葵子亦可取汁和粉助面，亦谓之胡燕脂，见菜部。”

落葵

其中“落葵，三月种之，嫩苗可食。五月蔓延，其叶似杏叶而肥浓软滑，作蔬、和肉皆宜。八九月开细紫花，累累结实，大如五味子，熟则紫黑色。揉取汁，红如胭脂，女人饰面、点唇及染布物，谓之胡胭脂，亦曰染绛子，但久则色易变耳。”

清代制作胭脂的方法又有不同，前面提到宝玉给平儿用的胭脂就“不是一张，却是一个小小的白玉盒子，里面盛着一盒，如玫瑰膏子一样。宝玉笑道：‘铺子里卖的不干净，颜色也薄，这是上好的胭脂拧出汁子来，淘澄净了，配了花露蒸成的……’”这里，他提到了用花露对普通胭脂进行再加工的方式。还有的胭脂，则是纯粹由花汁制成，且听慈禧太后慢慢道来（德龄《慈禧后私生活实录》第三十二回《太后的梳妆台》）：

“我们所用的胭脂，”伊接着又说道：“制造起来简直尤比粉来得讲究，它们是纯粹用玫瑰花的液汁所制成的，玫瑰花汁原算不得是什么希罕的东西，寻常的胭脂中，用它的尽有。所以我们的特长，又在精选，因为玫瑰花的颜色不但不能几千万朵完全一样，便是同在一朵上的花瓣，也往往深淡各别。如把这种深淡各别的花瓣一起收来，捣成液汁，结果便难望能有颜色鲜明匀净的胭脂可得，至少必不能和一朵颜色极正常的鲜玫瑰花相比。因此，我们把许多玫瑰花采来之后，必须逐一检验，只把颜色正常的花瓣摘下备用，其余的一概弃去；这种拣选工作，不但很费时间，而且也不是一个毫无经验的生手所能从事的……”伊说到这里，我立刻就明白了，怪不得我常在某一座偏殿里瞧见有几个太监围着一只大竹筐，像搜觅什么宝贝一般的细心地拣摘着玫瑰花瓣，原来是为着做胭脂用的！“待到颜色正常的玫瑰花瓣拣满了相当的数量以后，”太后津津有味地继续给我讲解道，“于是便把它们安在洁净的石臼里，慢慢的椿，一直椿到花瓣变成厚浆一般才歇，接着再用细纱制成的滤器滤过，使一切杂质完全滤去，成为最明净的花汁，这样就得开始做胭脂的最重要的一部分工作了。……”

太后的梳妆台上一向就安着好几方鲜红色的丝棉，这是我久已知道的。此刻伊就随手拈起一方来，并且一柄金制的小剪刀，轻轻地从这上面剪下了很小的一块来。

“花的液汁制成后，我们便用当年新缫就的蚕丝来（当然是未染过的白丝），”伊又说道，“压成一方方像月饼一样的东西。它们的大小是依着我的胭脂缸的口径而定的，所以恰好容纳得下。这一方方的丝棉至少要在花汁中浸上五天或六天，才可以通体浸透；瞧它们一浸透，便逐一取出来，送到太阳光下面去晒着，约莫晒过三四天，它们已干透了，方始可以送进来给我们使用。所费的工夫，仔细算来确也不少，幸而我们也用得不怎样浪费，每做一次，总可够五个月半年之用咧！”

《宫女谈往录》里也有相似的记载。老佛爷的胭脂固然精心讲究，可与清伍端隆《胭脂纪事》中所记录的胭脂相比，却又要失色几分了：

伍子病酒五羊，二客闯门，拉赴珠江之游，舟中红妆数人，每坐辄簇伍子。中一姬口脂最鲜，伍子问曰："脂有法乎？"……姬曰："侬固自有法也，欲制胭脂，先祭胭脂神。"伍子曰："胭脂神为谁？"曰："胭脂神相传出西川，即紫姑也。祭之日，每岁正月十五至三月春尽日以前，连日祭之。先采新花及杨柳叶，仍煮桃叶汤涤器，悬一镜以伺神来。来必于夜，灯光中视镜有过影，即礼拜之。旋取胭脂绵百二十章，逼以沸汤，令尽出其汁。又用赤金箔如胭脂数，真珠末四分，大红珊瑚末四分，血珀末三分，梅花冰片一分，和金箔捣为泥。将所逼胭脂汁，入精细磁碗，分作二十分。又将金箔等，分作二十分，入胭脂汁内，搅匀置烈日下，候其稠，乃取胭脂绵缩取其汁，晒之极干，用净竹器盛之。下设冷泉水，水中点以时花之极芬者一二朵于胭脂，移就朗月以吸月华。月初七至十四五，望后之月，虽佳勿取。满八九日，又置烈日晒极干，然后以绢素封固，次第取用。"

这位姬人所用的胭脂，用料之珍稀昂贵，制法之复杂细致且不必说，还有种种神秘之处：它不仅需要汲取月之精华，还需要胭脂之神的庇佑。何为胭脂之神？

相传，胭脂神名秦子都，初名碧玉，汾阴人，是晋禽吏秦植之女。十三岁时，容貌艳丽，人呼为“子都”。一天，一个道人经过，说子都“不类人间”，于是授子都“渥丹之法，使子都自汲汾水，注古鼎烹之。水既沸，道人袖出物少许，点沸汤中，忽臭臭凝紫烟，子都拂之，烟愈重，满鼎作紫金色，子都因取绵絮覆烟上。烟尽入絮，遂藏以为膏唇之饰。道人既去，子都乃时时集烟，所居不谕远近，咸就子都求紫烟绵”。子都是个性情懒散的女子，年二十而不嫁人，以卖胭脂供养父母。千里内外女子，俱来就子都，称她“胭脂师”。后子都既老，“面犹桃花色”。一夜，大水冲走了子都的居所，子都不知所之。后人为她立庙于汾水上，称她为紫府胭脂之神。

中国古代化妆品、护肤品种类繁多，却没有哪一种像胭脂这样，竟是创造了自己的神出来，胭脂在中国古代女子妆容中的重要性，于此也可见一斑了。

胭脂纪事

清·伍端隆

伍子病酒五羊，二客闯门，拉赴珠江之游，舟中红妆数人，每坐辄簇伍子。中一姬口脂最鲜，伍子问曰："脂有法乎？"曰："法则有之，而不可传也。"酒半酣，舍舟就岸，射骰子长林之下，伍子连负四五觥，罢去。散步乱叶中，见纸一角，拾而展之，则古本书也。其书叶心名《红晖阁逸考》，即言胭脂事也。其文曰：

秦子都，初名碧玉，汾阴人，晋禽吏秦植之女也。年十三，以冶色著，人呼为子都。子都会遇道人至其家，拊之曰："此女不类人间。"授以渥丹之法，使子都自汲汾水，注古鼎烹之。水既沸，道人袖出物少许，点沸汤中，忽袅袅凝紫烟，子都拂之，烟愈重，满鼎作紫金色，子都因取绵絮覆烟上。烟尽入絮，遂藏以为膏唇之饰。道人既去，子都乃时时集烟，所居不论远近，咸就子都求紫烟绵。子都性懒散，年二十不嫁人，以鬻胭脂供父母，又不耐水烹煎，凡求者止以齿嚼绵汁少许，各持归。随绵多寡悉是紫烟之色，于是千里内外女子，俱来就子都，呼"胭脂师"。后子都既老，面犹桃花色。一夕，水冲其庐，子都化去，不知所之。后人弗得其法，但向汾流汲水渍绵，渍不成则炽炭候其水尽。又不成，有黠女子曰："胭脂男女之艳色也。"则择日与男子交而后制之，终不成。乃相与立庙于汾水上，加子都号，为紫府胭脂之神。每岁三月八月，诸女郎着紫衣或紫裙，紫带紫冠，簪紫，氈帨用皆紫，设祭于庙，歌紫府之歌，以娱神。神来则有紫气出于牲上，寻飞扬满空，须臾牲醴花果尽变紫色，祭者以是为验，又各铸小神像事于私室。欲制胭脂，则先斫取桃枝煎水，遍洒屋两楹，又折桃枝寸许数千条，围插墙阴。禁鸡犬勿使鸣吠，贡一杯紫琉璃于神前，礼拜之。又以桃叶自然汁刮其唇，少出血，乃将汾水置鼎内，远者则用井华水随便点以紫色花，别沸汤温之，长跪以待，稍瞑目则化为胭脂矣。然后入绵什袭藏之，其色如天半朝霞。后世胭脂之法，始于此也。

伍子读罢，眉舞色飞，自念《红晖阁》一书，素不经见，其事又素所不闻，是时同舟有以博雅闻者，俱茫然不知，独先时鲜唇一姬曰："侬固自有法也，欲制胭脂，先祭胭脂神。"伍子曰："胭脂神为谁？"曰："胭脂神相传出西川，即紫姑也。祭之日，每岁正月十五至三月春尽日以前，连日祭之。先采新花及杨柳叶。仍煮桃叶汤涤器，悬一镜以伺神来。来必于夜，灯光中视镜有过影，即礼拜之。旋取胭脂绵百二十章，逼以沸汤，令尽出其汁。又用赤金箔如胭脂数，真珠末四分，大红珊瑚末四分，血珀末三分，梅花冰片一分，和金箔捣为泥。将所逼胭脂汁，入精细磁碗，分作二十分。又将金箔等，分作二十分，入胭脂汁内，搅匀置烈日下，候其稠，乃取胭脂绵缩取其汁，晒之极干，用净竹器盛之。下设冷泉水，水中点以时花之极芬者一二朵于胭脂，移就朗月以吸月华。月初七至十四五，望后之月，虽佳勿取。满八九日，又置烈日晒极干，然后以绢素封固，次第取用。”伍子曰：“望后月即不用者何？”姬曰：“望前乃生月，露下多成珠，物沾之润，其气暖，能发颜色；望后乃死月，露下少成珠，物沾之始润终枯，其气涩，不发颜色。”伍子于是爽然起曰：“合古今之说胭脂事，其尽于此乎？《红晖阁》不见于书林，吾幸睹其残缺，又得今制以畅其旨。一物虽微，其亦有天幸也。此法传，于闺阁丽事不为无功。独惜我辈方在尘劳中，白驹赤电，冉冉娱人，况乎道德文章，未有涯涘。昼则竭胆力以赴精华，暮则尽形容以供蕉萃。虽有秦碧玉在前，紫衣紫冠纷纭侍侧，其奈潘郎之鬓何哉？舟兴未终，搦管纪事，不醉死不休矣！”

陈子明曰：胭脂即燕支，又作焉支，又作阏氏。地名、花名、亦人名。古诗“失我焉支山，使我嫁娶无颜色。”唐宋朝有口脂面药之赐，其法实出秦弄玉粉丹偕箫史飞升。秦子都想是弄玉后身，故名碧玉。非国开好事不能尽此狡狯，卫懒仙曰：唐天宝宫中下红雨，太真命宫奴各以碗杓承之，用染自有天然色艳。千百年后惜未有得以靧面者，今倩国开韵笔，传出紫烟法于人间娜嬛。惜逸此则，余搜奇补之。

附记：女星，旁有小星，名始影。妇女夏至夜候祭之，得好颜色。子都为胭脂神，绿窗私室，亦当塑像配享。

朱唇初注樱桃小

吾家有娇女，皎皎颇白皙。
小字为纨素，口齿自清历。
鬓发覆广额，双耳似连璧。
明朝弄梳台，黛眉类扫迹。
浓朱衍丹唇，黄吻澜漫赤……

这是一直以来非常喜欢的一首诗——晋代诗人左思《娇女诗》开篇的几句。诗人有两个宝贝女儿，小的这个名叫纨素，正值秀发初覆额的年纪，刚学化妆，小丫头眉毛画得像扫帚扫出来的，嘴唇也抹得一塌糊涂……每每读来，除了那娇憨可爱的女孩宛在目前，仿佛还能看到她们身旁那个无可奈何却目光宠溺嘴角忍不住上扬的父亲……

每个女孩儿小时候都偷偷抹过妈妈的唇膏吧，当她对着镜子在娇嫩的小嘴上涂下第一抹嫣红，与爱美之心同时醒来的，还有她对自己女性性别的朦胧认同。从此，尽管她依旧稚气天真，继续活泼顽皮，甚至还会淘气到鸡飞狗跳的程度，你还是知道，她与隔壁家那个“臭小子”已经不一样了。

一

中国古代女子对于唇部的妆饰，至少也始自先秦时期。《楚辞·大招》有云：“朱唇皓齿，嫭以姱只。”宋玉《神女赋》曰：“眉联娟以蛾扬兮，朱唇的其若丹。”都是说美人嘴唇的色泽红润明艳，像丹砂一样。汉代刘熙《释名·释首饰》则说得更明白：“唇脂，以丹作之，象唇赤也。”当时的唇脂，又被称为口脂，主要原料就是丹。丹，就是丹砂，又称朱砂，是一种红色的矿物质颜料；脂，是油脂、脂肪。也就是说，最早的唇脂，就是由动物脂膏和丹砂合成的。汉代女子使用唇脂已经比较普遍了，湖南长沙、江苏扬州等西汉墓葬中都曾出土过唇脂实物。那些妆奁中的唇脂，在尘土中静默了两千年，时光虽然凝滞了它原本的润泽，色彩却还依稀能看出往日的鲜明。

汉代以后，由于胭脂的引进，唇脂调色，也可用胭脂来代替。用来自焉支山的红蓝花加工成胭脂的过程，北魏贾思勰的《齐民

盛放在小圆盒里的唇脂
（湖南长沙马王堆一号墓出土）

要术·种红蓝花栀子》里有详细记载，这个，我们在前文里已经提到了，“若作唇脂者，以熟朱和之，青油裹之。”

“艳彩裾边出，芳脂口上渝。”（南朝刘孝威《郡县遇见人织率尔寄妇诗》）魏晋南北朝时期的唇妆与汉代一脉相承，仍多以红色丹脂点唇，即“朱唇”“丹唇”。魏曹植在《七启》之六中写道：“动朱唇，发清商。”傅玄《明月篇》则曰：“丹唇列素齿，翠彩发蛾眉。”比较特别的是，南北朝时兴起了一种以乌膏染唇，状似悲啼的“嘿唇”。南朝徐勉《迎客曲》：“罗丝管，舒舞席，敛袖嘿唇迎上客。”这种唇妆委实有些怪异突兀，但却余音缭绕，直至唐宋犹不绝。

唐代的唇妆，则与这个时期的眉妆一样登峰造极，花样百变。

其实，唇脂的使用并非女子的专利，男人当然也有爱惜唇部的权利。唐代的男人们使用口脂润泽自己的双唇就非常比较普遍，唐沈既济（约750—800）传奇小说《任氏传》中，就有“（韦崟）

遽命汲水澡颈，巾首膏唇而往”的情节，朝廷腊日赏赐给百官的冬日必备劳保用品里也少不了口脂，《唐书·百官志》:“腊日献口脂、面脂、头膏及衣香囊，赐北门学士，口脂盛以碧镂牙筒。”唐·段成式《酉阳杂俎·忠志》也有类似记载。对于朝廷的恩典，官员们纷纷以上表、作诗等方式表示感谢，宋·李昉等编的《文苑英华》卷五九六《节朔谢物二》中就收录了刘禹锡《代谢历日面脂口脂表》、李峤《谢腊日赐腊脂口脂表》、邵说《谢赐新历日及口脂面药》等多篇谢表。“口脂面药随恩泽，翠管银罂下九霄。”(唐·杜甫《腊日》) 为了保证口脂的供应，还有专业机构和人员配置，《旧唐书》载:“尚药局……合口脂匠四人……”不过，男子使用的口脂，专家认为一般不含颜色，是一种透明的或者肉色的防止寒冬口唇开裂的唇膏，更类似今天的润唇膏。

而女子所使用的唇脂，除了润泽的功效，更多的还是为了妆饰，因此颜色必不可少，且种类繁多，比如浅红色的“檀唇”,“檀唇呼吸宫商改，怨情渐逐清新举”(唐·秦韬玉《吹笙歌》),“黛眉印在微微绿，檀口消来薄薄红”(唐·韩偓《余作探使以缭绫手帛寄贺因而有诗》)；大红色的“朱唇”(或曰“丹唇”),“朱唇一点桃花殷，宿妆娇羞偏髻鬟”(唐·岑参《醉戏窦子美人》),“朱唇未动，先觉口脂香”(唐·韦庄《江城子》)；深红色的“绛唇”,“绛唇皓齿，鬒发如青丝”(唐·谷神子《博异志·阴隐客》)……肇自南北朝时的“嘿唇”也在中唐晚时期风靡一时，无论宫苑民间。

《新唐书·五行志一》中载："元和末，妇人为圆鬟椎髻，不设鬓饰，不施朱粉，惟以乌膏注唇，状似悲啼者。"本书开篇时引用的白居易《时世妆》"乌膏注唇唇似泥，双眉画作八字低"就是这个了。

除了唇色繁富多变，唐代唇妆的形状更是多种多样，女人们先用粉将嘴唇敷成白色，然后用唇脂描画出各种形状，如花朵，如月牙，如菱角，如桃心……从唐代绘画、敦煌壁画和其他出土的唐代文物中，都可以发现唐代女子唇妆的样式。至晚唐时，唇妆式样式达到一二十种，据宋·陶谷《清异录》卷下记载："僖昭（僖宗，873—888 在位；昭宗，889—904 在位）时，都下娼家竞事唇妆。妇女以此分妍与否。其点注之工，名色差繁。其略有胭脂晕、石榴娇、大红春、小红春、嫩吴香、半边娇、万金红、圣檀心、露珠儿、内家圆、天宫巧、洛儿殷、淡红心、猩猩晕、小朱龙、格双唐、媚花奴等样子。"

需要说明的是，在这里用到了"口脂"与"唇脂"两个不同的名称，据《千金翼》载"口脂方：硃砂二两，紫草末五两，丁香末二两，麝香一两。上以甲煎和为膏，盛于匣内，即是甲煎口脂。如无甲煎，即名唇脂，非口脂也。"可见二者有所区别，但实际上，二词混用的情况也不少见，所以本文也不再做严格区分了。

而所谓"甲煎"，即以甲香和沉麝诸药花物制成的香料，可入药，可焚爇，也常用于制作口脂。唐代口脂的制作也更加复杂细致，唐代孙思邈（581–682）《备急千金要方》就记载了两种"甲

唐《弈棋仕女图》中的唇妆

煎”唇脂，其用料之多、工艺流程之繁复，制作周期之长，都令人叹为观止：

先以麻捣泥，泥两口好瓷瓶。容一斗以上，各厚半寸，曝令干。甘松香五两，艾纳香、苜蓿香、茅香各一两，藿香二两，零陵香四两。上六味，先以酒一升、水五升相合作汤，洗香令净，切之，又以酒、水合一升，浸一宿，明旦内于一斗五升乌麻油中。微火煎之，三上三下，去滓，内上件一口瓶中，令少许不满。然后取上色沉香一斤，雀头香三两，苏合香二两，白胶香五两，白檀五两，丁香一两，麝香一两，甲香一两。上八味，先酒水相和作汤，洗香令净，各各别捣碎，不用绝细，以蜜二升、酒一升和香，纳上件瓷瓶中，令实满，以绵裹瓶口，又以竹篾交横约之，勿令香出；先掘地埋上件油瓶，令口与地平，以香瓶合覆油瓶上，令两口相当。以麻捣泥，泥两瓶口际，令牢密，可厚半寸许，用糠壅瓶上，厚五寸，烧之。火欲尽即加糠，三日三夜，勿令火绝。计糠十二石讫。停三日，令冷出之；别炼蜡八斤，煮至沸，内紫草十二两，煎之数十沸。取一茎紫草向爪甲上研捍，紫草骨白，出之；又以绵滤过，与前煎相和令调，乃内朱砂粉六两，搅令相得，少冷未凝之间，倾竹筒之纸裹筒上，麻缠之。待凝冷解之，任意用之。计此可得五十挺。

另外一个配方也不简单：

烧香泽法：沉香，甲香，丁香，麝香，檀香，苏合香，熏陆香，零陵香，白胶香，藿香，甘松，香泽兰。上十二味，各六两，胡麻油五升，先煎油令熟，乃下白胶、藿香、甘松、泽兰，少时下火。绵滤内瓷瓶中。余八种香捣作末，以蜜和，竹十字络之。以小瓶覆大瓶上，两口相合，密泥泥之。乃掘地埋油瓶，令口与地平，乃聚干牛粪烧之七日七夜，不须急，满十二烧之弥佳。待冷出之即成。其瓶并须熟泥匀，厚一寸，曝干，乃可用。

炼蜡合甲煎法：蜡二两，紫草二两。上先炼蜡令消，乃纳紫草煮之，少时候看，以紫草于指甲上研之，紫草心白即出之，下蜡，勿令凝，即倾弱一合甲煎于蜡中，均搅之，讫，灌筒中，则勿触动之，冷凝乃取之，便成好口脂也。

晚于孙思邈的另一位唐代医学家王焘（670—755）《外台秘要》中记载的口脂方又有不同，而且对口脂制成之后的加工定型作了进一步的说明：“取竹筒合面，纸裹绳缠，以熔脂注满，停冷即成口脂。模法，取干竹径头一寸半，一尺二寸锯截下两头，并不得节坚头，三分破之，去中分，前两相著合令蜜，先以冷甲煎涂模中，合之，以四重纸裹筒底，又以纸裹筒，令缝上不得漏，以绳子牢缠，消口脂，泻中令满，停冷解开，就模出四分，以竹刀子约筒截割，令齐整。所以约筒者，筒口齐故也。”口脂制作完成后，还要放在精致的容器里，比如前面提到的“翠管银罂”“碧镂牙筩”，即碧玉、象牙镂雕的管状盛器。

宋元时期的女子仍以唇脂点染着自己的双唇，北宋词人秦观在《南歌子》中歌道：“揉兰衫子杏黄裙，独倚玉栏，无语点檀唇。”这一时期似乎“绛唇”较为流行，“绛唇不敢深深注，却怕香脂污玉箫”（宋 · 夏竦《宫词》），“绛唇初点粉红新，凤镜临妆已逼真”（宋 · 莫将《独脚令 · 忆王孙》）……此时，与宋并立的辽契丹族女子的唇妆颇为特别，为“黑吻”，“先公言使北时，见北使耶律家车马来迓，毡车中有妇人，面涂深黄，红眉黑吻，谓之‘佛妆’”（宋·朱彧《萍洲可谈》），可称“嘿唇”余绪了。

“樱桃樊素口，杨柳小蛮腰”，据唐·孟棨《本事诗·事感》：“白尚书（居易）姬人樊素善歌，妓人小蛮善舞，尝为诗曰：

序號	時代	圖例	資料來源
1	漢		湖南長沙馬王堆一號漢墓出土木俑
2	魏		朝鮮安岳高句麗壁畫
3	唐		新疆吐魯番出土唐代絹畫
4	唐		新疆吐魯番出土泥頭木身著衣俑
5	唐		唐人《弈棋仕女圖》
6	宋		山西晉祠聖母殿彩塑
7	明		明陳洪綬《夔龍補袞圖》
8	清		故宮博物院藏清代帝后像
9	清		清無款人物堂幅

历代妇女唇妆样式（周汛、高春明《中国历代妇女妆饰》）

樱桃樊素口，杨柳小蛮腰。”尽管历朝历代的唇妆形形色色，但娇小红润的“樱桃小口”，即使是在唇妆最为多元化的唐代，依然符合至少是大多数国人的审美。早在汉代，湖南长沙马王堆汉墓出土木俑的点唇形状就像樱桃了，白居易自不必说，樱桃口的樊素是他最心爱的美人之一，所以他笔下会有“口动樱桃破，鬟低翡翠垂”（唐·白居易《杨柳枝二十韵》）的句子，他如“舞袖低徊真蛱蝶，朱唇深浅假樱桃”（唐·方干《赠美人四首》），“注口樱桃小，添眉桂叶浓”（唐·李贺《恼公》），“红绽樱桃含白雪，断肠声里唱《阳关》”（唐·李商隐《赠歌妓》），“风流妙舞，樱桃清唱，依约驻行云”（宋·晏殊《少年游》），“朱唇初注樱桃小，逞娇搀占东风早”（元·袁易《菩萨蛮·和天民赋十月海棠》）……直至明清时期，樱桃小口更是唇妆的主流。

女性的蓝颜知己李渔指出：“脂粉二物，其势相依，面上有粉而唇上涂脂，则其色灿然可爱，倘面无粉泽而止丹唇，非但红色不显，且能使面上之黑色变而为紫。”敷粉，他介绍了分层涂抹的方法，那么如何点唇呢？他也颇有心得：“点唇之法，又与匀面相反，一点即成，始类樱桃之体。若陆续增添，二三其手，即有长短宽窄之痕，是为成串樱桃，非一粒也。”（李渔《闲情偶寄·点染》）

清宫中的女子虽然没有李大师作技术指导，却掌握了更具体的操作方法，“涂唇是把丝绵胭脂卷成细卷，用细卷向嘴唇上一转，或是用玉搔头(簪子名)在丝绵胭脂上一转，再点唇。”“嘴唇要以人中作中线，上唇涂得少些，下唇涂得多些，要地盖天，但都是猩红一点，比黄豆粒稍大一些。在书上讲，这叫樱桃口，要这样才是宫廷秀女的装饰。这和画报上西洋女人满嘴涂红绝不一样。”(金易、沈义羚《宫女谈往录》)樱桃小口妆还有一种“变体”，即上唇满涂，而下唇仅在中间点上一点。另外，《乾隆妃梳妆图》中还有只涂下唇的唇妆，更加新颖别致。

这时她们用来涂唇的主要是胭脂，而这胭脂除了成张的“丝绵胭脂”之外，更有成盒膏状的。《红楼梦》第四十四回《变生不测凤姐泼醋　喜出望外平儿理妆》里，平儿因贾琏与鲍二家的偷情而妄受池鱼之灾，一向怜香惜玉的宝玉终于有了用武之地，为平儿精心理妆，平儿也终于见识到了宝玉对女孩子的用心：“然后看见胭脂也不是成张的，却是一个小小的白玉盒子，里面盛着一盒，如玫瑰膏子一样。宝玉笑道：‘那市卖的胭脂都不干净，颜色也薄。这是上好的胭脂拧出汁子来，淘澄净了渣滓，配了花露蒸叠成的。只用细簪子挑一点儿抹在手心里，用一点水化开抹在唇上；手心里就够打颊腮了。’平儿依言妆饰，果见鲜艳异常，且又甜香满颊。”

二

说到宝玉，他有一个特别的“毛病”——“好姐姐，把你嘴上的胭脂赏我吃了罢。”书中多次写到他爱吃胭脂，尤其是对女孩子嘴上胭脂的兴趣。湘云对他这个爱好的反应干脆利落——一巴掌拍掉他手中的胭脂盒子，便是黛玉，对他这个爱好也有过小小规劝：

> 黛玉因看见宝玉左边腮上有钮扣大小的一块血渍，便欠身凑近来，以手抚之细看，又道：“这又是谁的指甲刮破了？”宝玉侧身，一面笑道：“不是刮的，只怕是才刚替他们淘漉胭脂膏子，蹭上了一点儿。”说着，便找手帕子要揩拭。黛玉便用自己的帕子替他揩拭了，口内说道：“你又干这些事了。干也罢了，必定还要带出幌子来。便是舅舅看不见，别人又当奇事新鲜话儿去学舌讨好儿，吹到舅舅耳朵里，又大家不干净惹气。”（《红楼梦》第十九回《情切切良宵花解语　意

绵绵静日玉生香》）

而仔细想来，身兼纯情少年和纨绔公子两种特质的宝玉，吃“嘴上胭脂”的对象，其实仅仅限于丫鬟，比如鸳鸯、金钏、王夫人的丫鬟……与他对黛玉之眉的百般在意不同，作者似乎从未让宝玉关注过黛玉的唇，更不要说吃黛玉唇上胭脂了。也许可以这么说，与眉所代表的“情”相比，唇与“欲”的关系更为密切。

与《红楼梦》纯纯的宝黛之情不同，夹杂了情与欲的王实甫《西厢记》里，则几次出现了对于唇的描摹：张生、莺莺初次在佛殿邂逅，他即惊艳于她“未语人前先腼腆，樱桃红绽，玉粳白露”，

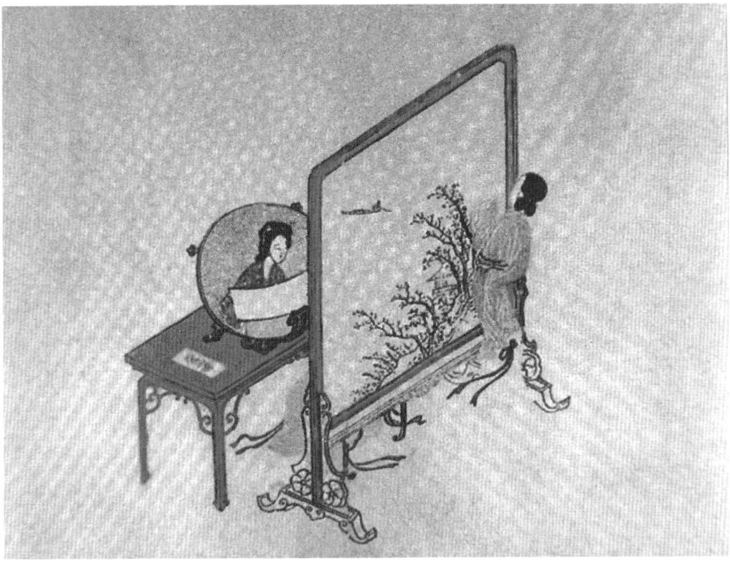

明彩绘《西厢记》（藏德国科隆博物馆）

也就是唇红齿白；解围之后老夫人的谢宴上，她的“星眼朦胧，檀口嗟咨”；直至两人欢好之时“半推半就，又惊又爱，檀口揾香腮”……他们的爱情故事千百年来被咏叹了再咏叹，“愿普天下有情的都成了眷属”的大团圆收煞总是使读者和观者心满意足，更有数不清的痴儿女将故事当作了爱情励志范本。只是，这段“佳话”在其母本——唐代元稹的传奇小说《莺莺传》中，却并不是那样圆满的。她和他的人生轨迹在“西厢”短暂地交会、绸缪缱绻之后，便迅速渐行渐远。后来，他以她为“尤物”而自己“悔过”为名，将她中道弃绝。虽如此，初初分离时，也不是不思念的，他也曾“却写花笺和泪卷，细书方寸教伊看”（宋·赵令畤《商调蝶恋花鼓子词》），寄来“抚爱过深”的情书，还有礼物，莺莺在回信里说：“捧览来问，抚爱过深，儿女之情，悲喜交集。兼惠花胜一合、口脂五寸，致耀首膏唇之饰，虽荷殊恩，谁复为容？睹物增怀，但积悲叹耳。”虽然小说没有杂剧那样对于红唇几番刻画，但从“口脂五寸”里，是否也隐约透露出张生对莺莺之唇的思念呢？

然而，再好的唇脂总会脱色，很多人到最后也只是擦肩而过。小说里，崔张故事的结局是这样的：

崔已委身于人，张亦有所娶。适经所居，乃因其夫言于崔，求以外兄见。夫语之，而崔终不为出。张怨念之诚，动于颜色，崔知之，潜赋一章词曰：“自从消瘦减容光，万转千回懒下床。不为旁人羞不起，为郎憔悴却羞郎。”竟不之见。后数日，张生将行，又赋一章以谢绝云：“弃置今何道，当时且自亲。还将旧时意，怜取眼前人。”自是绝不复知矣。

人生若只如初见，何事西风悲画扇？

口脂方三首

唐·王焘《外台秘要》卷三十二

《千金翼》口脂方

熟朱二两，紫草末五两，丁香二两，麝香一两。上四味，以甲煎和为膏，盛于匣内，即是甲煎口脂，如无甲煎，即名唇脂，非口脂也。

备急作唇脂法

蜡二分，羊脂二分，甲煎一合（须别作，自有方），紫草半分，朱砂二分。上五味，于铜锅中微火煎，蜡一沸，下羊脂，一沸，又下甲煎，一沸，又纳紫草，一沸，次朱砂，一沸，泻着筒内，候凝，任用之。

《古今录验》合口脂法

好熟朱砂三两，紫草五两，丁香末二两，麝香末一两，口脂五十挺（武德六年十月，内供奉尚药直长蒋合进），沉香三升，五药、上苏合四两半，麝香二两，甲香五两，白胶香七两，雀头香三两，丁香一两，蜜一升。上十四味并大秤大两，粗捣碎，以蜜总和，分为两分，一分内瓷器瓶内，其瓶受大四升，内讫，以薄绵幕口，以竹篾交络蔽瓶口。

藿香二两，苜蓿香一两，零陵香四两，茅香一两，甘松香一两半。上五味，以水一斗酒、一升渍一宿，于胡麻油一斗二升内煎之为泽，去滓，均分着二坩，各受一斗，掘地着坩，令坩口与地平，土塞坩四畔令实，即以上甲煎瓶器覆中间一尺，以糠火烧之，常令着火，糠作火即散，着糠三日三夜，烧十石糠即好，冷出之，绵滤即成。甲煎蜡七斤，上朱砂一斤五两，研令精细，紫草十一两，于蜡内煎紫草令色好，绵滤出停冷，先于灰火上消蜡，内甲煎，及搅看色好，以甲煎调，硬即加煎，软即加蜡，取点刀子刃上看硬软，着紫草于铜铛内消之，取竹筒合面，纸裹绳缠，以熔脂注满，停冷即成口脂。模法，取干竹径头一寸半，一尺二寸锯截下两头，并不得节坚头，三分破之，去中分，前两相着合令蜜，先以冷甲煎涂摸中，合之，以四重纸裹筒底，又以纸裹筒，令缝上不得漏，以绳子牢缠，消口脂，泻中令满，停冷解开，就模出四分，以竹刀子约筒截割，令齐整。所以约筒者，筒口齐故也。

芙蓉出水妒花钿

杜陵韦固，少孤，思早娶妇，多歧求婚，必无成而罢。元和二年，将游清河，旅次宋城南店。……斜月尚明，有老人倚布囊，坐于阶上，向月检书。固步觇之，不识其字……因问曰：『老父所寻者何书？……』老人笑曰：『……幽冥之书。』……固曰：『然则君又何掌？』……曰：『天下之婚牍耳。』固喜曰：『固少孤，常愿早娶以广胤嗣。尔来十年，多方求之，竟不遂意……』

杜陵韦固，少孤，思早娶妇，多歧求婚，必无成而罢。元和二年，将游清河，旅次宋城南店。……斜月尚明，有老人倚布囊，坐于阶上，向月检书。固步觇之，不识其字……因问曰：“老父所寻者何书？……”老人笑曰：“……幽冥之书。”……固曰：“然则君又何掌？”……曰：“天下之婚牍耳。”固喜曰：“固少孤，常愿早娶以广胤嗣。尔来十年，多方求之，竟不遂意……”曰：“……君之妇，适三岁矣，年十七当入君门。”因问：“囊中何物？”曰：“赤绳子耳。以系夫妻之足。及其生，则潜用相系，虽仇敌之家，贵贱悬隔，天涯从宦，吴楚异乡，此绳一系，终不可逭。君之脚已系于彼矣，他求何益？”曰：“固妻安在？其家何为？”曰：“此店北卖菜陈婆女耳。”……及明……入菜市，有眇妪抱三岁女来，弊陋亦甚。老人指曰：“此君之妻也。”……固骂曰：“老鬼妖妄如此！吾士大夫之家，娶妇必敌。苟不能娶，即声妓之美者，或援立之，奈何婚眇妪之陋女。”磨一小刀子，付其奴曰：“汝素干事，能为我杀彼女，赐汝万钱。”奴曰：“诺。”明日，袖刀入菜行中，于众中刺之而走。一市纷扰，固与奴奔走获免。问奴曰：“所刺中否？”曰：“初刺其心，不幸才中眉间尔。”

后固屡求婚，终无所遂。又十四年……刺史王泰俾摄司户掾……因妻以其女，可年十六七，容色华丽。固称惬之极。然其眉间常贴一花子，虽沐浴寝处，未尝暂去。岁余，固讶之，忽忆昔日奴刀中眉间之说，因逼问之。妻潸然曰：“妾郡守之犹子也，非其女也。畴昔父曾宰宋城，终其官。时妾在襁褓，母兄次没，唯一庄在宋城南，与乳母陈氏居，去店近，鬻蔬以给朝夕。陈氏怜小，不忍暂弃。三岁时，抱行市中，为狂贼所刺，刀痕尚在，故以花子覆之。……”固曰：“陈氏眇乎？”曰：“然。何以知之？”固曰：“所刺者固也。”乃曰：“奇也！命也！”因尽言之，相敬愈极。

这是唐李复言（约 831 年前后在世）的传奇小说集《续玄怪录·定婚店》讲述的一则故事。杜陵剩男韦固一心想要“脱光”，却多次相亲未果。大约是诚心感动了上苍罢，居然让他遇见了掌管天下姻缘的月下老人，不但给他解释了一番“赤绳子”（也就是今天所说的红线）千里姻缘一线牵的神奇妙用，还指明了他命中的妻子是一个卖菜的陈婆之女，此时年方三岁。第二天，韦固果真在集市上见到了那对弊陋的母女，门不当户不对年龄相差又如此之巨，难道这就是自己的命中婚姻吗？韦固决心抗拒一下命运，只是手段未免残忍，他竟让奴仆去刺杀那三岁的女孩。刀，插进了女孩的眉间……十四年蹉跎而过，韦固从“剩斗士”进化到了“齐天大剩”，一次次与婚姻擦肩而过之后，终于，一位王刺史将女儿嫁给了他。新婚妻子青春美丽，韦固自是心满意足。只有一点，妻子眉间常贴一“花子”，就连沐浴睡觉也不卸下。这样过了一年多，韦固终于忍不住问其缘由，谜底在意料之中——妻子就是当年被刺的女孩，花子是用来掩饰那一刀留下的疤痕的。至此，韦固不得不认命了：姻缘，果然是冥冥中早就注定，红线一系，即使是仇敌之家，贵贱悬殊，天涯相隔，也终不可避！

何为“花子”？这是古代女子粘贴（当然，也有直接描画）在两鬓、眉间或面颊上的一种妆饰，又被称作花钿、香钿、面花、贴花、花儿等等，它以彩色光纸、云母片、鱼鳔、丝绸、金箔甚至昆虫翅膀、鱼骨等为原料，有圆形、心形、铜钱形、梅花形、鸟形等种种形状和丰富的色彩。它曾经是中国古代女子日常妆容中不可或缺的一部分，然而今天，我们却只能从T台、舞台、古装影视剧中偶尔看到它的影子，或从节日里孩子们额头眉心点的那个可爱的红色圆点上寻找它的遗风。当妆粉、胭脂、眉黛、唇脂等中国古代女子常用的化妆品，依旧以各种新的名目出现在现代女性脸上时，我们的梳妆台上却再也不见花钿的踪迹，可以说这是一种真正湮没在历史中的“时世妆”了。但是，时尚又有谁能真正掌控呢？也许有那么一天，花钿又轮回到时尚的风云里呢？

一

关于花钿的起源有许多种不同的说法，明胡震亨（1569—1645）《唐音癸签 · 诂笺四》说 ：“唐韦固妻少时为盗刃所刺，以翠掩之，女妆遂有靥饰。”这是直接把韦固之妻当成了靥饰的创始人。

唐朝段成式（803—863）《酉阳杂俎 · 黥》则说 ：“今妇人面饰用花子，起自昭容上官氏所制，以掩黥迹。”这位上官昭容即唐代有名的才女上官婉儿（664—710），根据《旧唐书》的记载，她的祖父上官仪、父亲上官庭芝因为替高宗起草将废黜武则天的诏书，被武后所杀，尚在襁褓之中的上官婉儿与母亲郑氏一起被发配到宫中为奴。但是，婉儿却是一个不凡的女人，十四岁，她就为武则天“掌文诰”，品评天下诗文。有一次她“忤旨当诛，则天惜其才不杀，但黥其面而已”。所谓黥，是非常古老的一种刑法，即于面额上刺字，而以墨涅之，终其一生而不褪。史书中并未记载婉儿究竟是犯了什么罪，于是后人便发挥出多种版本的传说，政治版如段公路《北户录》：“天后每对宰臣，令昭容卧于案裙下，记所奏事。一日宰相对事，昭容窃窥，上觉。退朝，怒甚，取甲刀劄于面上，不许拔。”香艳版则说婉儿与武则天的男宠张昌宗私相调谑，被武则天看见，女皇一怒之下以金刀掷向婉儿。无论是黥刑还是刀疤，反正她的脸上有了疤痕。不过，深具慧心的女人能够化伤痕为美丽，变腐朽为神奇，她巧妙地在伤疤处粘贴或描画上了一朵美丽的花儿。这朵花儿令众多宫女们倾倒不已，纷纷效仿，于是便有了花子。

实际上，考察中国古代女子在脸上描画或粘贴种种装饰图案的历史，其起源要远远早于以上几种说法，其成因未必是单一的，其间的名称和具体使用方式也不尽相同。按朝代的历史来叙述似乎还是一个能偷懒的法子。

上溯到战国时期，长沙战国楚墓出土的彩绘女俑的面部，就有成梯形排列的三排圆点，河南信阳出土的彩绘木俑眼皮之上也点有圆点，有专家们认为，这就是花钿之滥觞。（当然也有人认为这圆点是早期“蛾眉”的一部分，源自原始部族的蚕蛾崇拜，在细长的眉毛附近点几个小圆点，就像蚕卵一样，才算是完整的蛾眉。）

据后人文献的记载，真正的花钿据说是出现在秦始皇时期。五代马缟《中华古今注·花子》云：“秦始皇好神仙，常令宫人梳仙髻，帖五色花子，画为云凤虎飞升。至东晋有童谣云：‘织女死，时人帖草油花子，为织女作孝。’至后周又诏宫人帖五色云母花子，作碎妆以侍宴。如供奉者，帖胜花子作桃花妆。”按照他的记载，秦代宫廷之中，已经有贴“五色花子”的时尚了。但是，除了马缟的记载，目前还没有看到其他资料进一步证实这种说法，所以，秦代的花钿究竟如何，还不得而知。

汉代的女子流行在面部点染红色圆点以为妆饰，还有一个专门的名称曰“旳”（dì，“的”的古字），汉刘熙《释名·释首饰》云：“以丹注面曰旳（一本作‘勺’）。旳，灼也。此本天子诸侯群妾留以次进御，其有月事者止而不御，重于口说，故注此丹于面，灼然为识，女吏见之，则不书其名于第录也。”就是说，这种妆饰最初是用作妇女月事来潮（古称“来红”）的标记。古代天子诸侯后妃众多，如果哪位后妃“大姨妈”来访，不能接受帝王御幸，就要在面部点上红点，掌管后宫床事的女官见了，也就心领神会，不会将其名字排列到名册之中。后来，大家发现这种小小红红的“的”非常俏皮、娇媚、可爱，于是“的”逐渐突破了月事的限制——于是有一天，帝王发现他偌大的后宫中，女人们居然全部“对不起，不方便”了！这种妆饰逐渐传入了民间，风行许久，因为是红色，所以又称之为“檀的”。汉王粲《神女赋》：“税衣裳兮免簪笄，施华的兮结羽钗。”晋傅咸《镜赋》：“珥明珰之迢迢，点双的以发姿。”唐杜牧《寄澧州张舍人笛》：“檀的染时痕半月，落梅飘处响穿云。”宋徐铉《梦游》：“檀的慢调银字管，云鬟低缀折枝花。”直到明徐渭《画红梅》诗尚且说：“无由飘一的，娇杀寿阳眉。”至于“的”的位置，女人们经过多年的实践之后发现，以面颊上的酒窝处为最佳，也就是“靥”（酒窝），“两靥如点，双眉如张”（汉·班婕妤《捣素赋》），不是人人都能天生拥有迷人的酒窝，点上两个也行啊，这就是面靥、妆靥、靥儿等名称的由来了。

三国时这种妆饰叫做“靥钿”，其由来就是我们第一章中提到的孙和宠姬邓夫人的典故了。“靥钿之名，盖自吴孙和邓夫人也。和宠夫人，尝醉舞如意，误伤邓颊……医言得白獭髓，杂玉与琥珀屑，当灭痕。和以百金购得白獭，用合膏。琥珀太多，及差，痕不灭，左颊有赤点如痣，视之，更益其妍也。诸嬖欲要宠者，皆以丹点颊，而后进幸焉。”（唐·段成式《酉阳杂俎》）既云“靥钿”，首先，主要还是应用在“靥”的位置；其次，说明这一时候的面饰，其方法除了用点染描画之外，还可以用花钿粘贴而成。从广义上讲，面靥可以视为花钿的一种。

从湖南长沙晋墓出土的金箔花钿来看，两晋时期的花钿已经非常精致了。

至南北朝时，“梅花妆”出现了。南朝宋“武帝女寿阳公主（383—444），人日（旧俗以农历正月初七为人日）卧于含章殿檐下，梅花落额上，成五出花，拂之不去，经三日洗之乃落，宫女

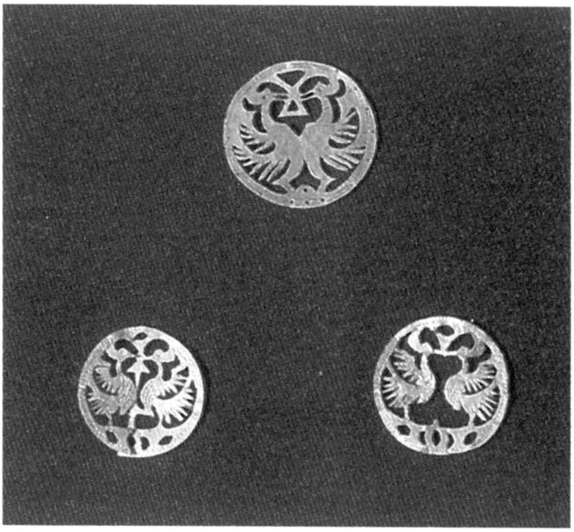

湖南长沙晋墓出土金箔花钿

奇其异，竞效之”（宋·高承《事物纪原》）。这种在额上用胭脂描画或粘贴一梅花形的妆饰，便被称为“梅花妆”或“寿阳妆”。“梅花也有修来福，点额妆成压六宫。”（清·郭润玉《寿阳公主》）在那个寒冷的冬日里，一朵梅花悠然落下，随风飘进窗棂，落在榻上小睡的女孩额上，令睡梦中的女孩更加娇俏精灵。她一定不会想到，这朵梅花会流传那么久。

除了梅花妆外，南北朝时期还有一种花钿非常流行，即乐府民歌《木兰诗》里写到的“当窗理云鬓，对镜贴花黄”里提到的“花黄”，又称额黄、鸦黄、鹅黄等。明张萱《疑耀》曾说“额上涂黄，亦汉宫妆”，不知确否，但一般还是认为额黄的产生与南北朝时期佛教在中国的日渐盛行有关。此时，佛教日盛，时刻不忘美丽的女人们随时都能发现美丽，这一次她们从涂金的佛像上得到了

《北齐校书图》。据宋·黄庭坚《画记》、黄伯思《东观余话》等书记载，此图是宋摹本残卷，据画卷题跋，原为杨子华（生卒年不详，北齐世祖时曾任直阁将军、员外散骑常侍等）所画，唐代画家阎立本再稿。画中记录的是北齐天保七年（556）文宣帝高洋命樊逊等人刊校五经诸史的故事。

灵感，也将自己的额头涂成黄色，“留心散广黛，轻手约花黄”（南朝梁 · 费昶《咏照镜》），渐渐成为时尚。

南朝梁简文帝萧纲笔下的美女佳丽就是这种妆饰，其《戏赠丽人》诗曰：“同安鬟里拔，异作额间黄。”他的另外一首《美女篇》则云：“约黄能效月，裁金巧作星。”这里说的约黄效月，就是指将额头染黄的化妆方式。而“裁金巧作星”则是在此基础上的延伸，即用黄色硬纸或金箔剪制成星、月、花、鸟等花样，使用时粘于额上，故名“花黄”。

《北齐校书图》局部

唐代是女人们使用花钿最为鼎盛之时，其材质、颜色、形状都远较前代丰富。以材质而言，此时制作花钿除用金箔剪裁之外，纸、绢罗、茶油花饼、螺钿壳、云母……都可用来制作花钿，杨巨源的《赠陈判官求子花诗》（“子花”当为“花子”）描写唐代女子自制花子的过程是："油地轻绡碧且红，须怜纤手是良工。能生丽思千花外，善点秾姿五彩中。子细传看临霁景，殷勤持赠及春风。若将江上迎桃叶，一帖何妨锦绣同。"这里用的是"油地轻绡"；还有各种花草——唐刘恂《岭表录异》卷中："鹤子草，蔓生也。其花曲尘，色浅紫，蒂叶如柳而短。当夏开花，又呼为绿花绿叶。南人云是媚草，采之曝干，以代面靥。"甚至蜻蜓翅膀——宋人陶谷《清异录》曰："后唐宫人或网获蜻蜓，爱其翠薄，遂以描金笔涂翅，作小折枝花子。"不同的材质也带来了不同的颜色，有金箔片或其他金色材质制作的金钿或金靥，"少妆银粉饰金钿，端正天花贵自然"（陆畅《云安公主出降杂咏催妆》之二），"腻粉半粘金靥子，残香犹暖绣薰笼"（孙光宪《浣溪沙》）；有与金色相仿的黄色花钿，"扑蕊添黄子，呵花满翠鬟"（唐·温庭筠《南歌子》），"鹅黄翦出小花钿"（唐·成彦雄《柳枝辞》）；有翠鸟羽毛制成的青绿色的翠钿，"脸上金霞细，眉间翠钿深"（唐·温庭筠《南歌子》），"翠钿贴靥轻如笑，玉凤雕钗袅欲飞"

宋徽宗摹张萱《捣练图》中绿色花钿

唐·周昉《簪花仕女图》(局部)中的黄色花钿

(唐·花蕊夫人《宫词》);而唐妆尚红，红色的花钿当然更少不了，我们今天能看到的唐代绘画、雕塑、壁画中出现的花钿，都以红色为多，“绿蕙不香饶桂酒，红樱无色让花钿”(唐·白居易《宴

新疆吐鲁番阿斯塔那
唐墓出土绢画中红色花钿

周皓大夫光福宅》）……

花钿的形状更是千变万化，“腻如云母轻如粉，艳胜香黄薄胜蝉。点绿斜蒿新叶嫩，添红石竹晚花鲜。鸳鸯比翼人初贴，蛱蝶重飞样未传。沉复萧郎有情思，可怜春日镜台前”（唐·王建《题花子赠渭州陈判官》），绚丽多彩的花、叶、扇、鸟以及各式各样的抽象图案盛放在女子的额头和面颊上，完美地点缀着她们的红妆。

唐代各种花钿

敦煌壁画中满脸妆靥的五代女子

五代之时女人们对花钿的热爱有增无减，“薄妆桃脸，满面纵横花靥”（后蜀·欧阳炯《女冠子》），她们竟将各种花钿贴满了面颊；后周时“诏宫人贴五色云母花子，作碎妆以侍宴”（后唐·马缟《中华古今注》），既然是“五色”“碎妆”，所贴花钿当也不少。

宋代女子的妆容由浓转淡，花钿的风格也有了相应的变化。《宋史·五行志三》记载：“淳化三年，京师里巷妇女竞剪黑光纸团靥，又装镂鱼腮中骨，号‘鱼媚子’以饰面。”女人们将黑光纸剪成的圆形团靥贴在面上，更讲究的还在其上镂饰以鱼腮之骨，称为“鱼媚子”。黑光纸乌黑发亮，鱼腮骨洁白如霜，黑白二色形成了强烈的对比，非常有视觉冲击力。这一时期还流行以珠翠珍宝制成的“玉靥”。南薰殿所藏历代帝后图像中，有宋代皇后像十二种，这些皇后的标准照，面部化妆都非常浅淡，但大多数皇后在额头、眉脚和两颊，都贴有珍珠花钿，这种珍珠花钿系先在绢罗上贴铺翠毛，然后在翠蓝的底色上点缀着莹白的大粒珍珠而成，形状立体饱满，色彩鲜明，与她们头顶上贵重的凤冠和身上华美的命服，相互映衬，显得大气而庄重。

南薰殿藏宋徽宗（1082—1135）郑皇后像

南薰殿藏宋钦宗（1100—1161）皇后像

故宫南薰殿始建于明，位于武英殿南面，是明朝遇册封大典时中书官篆写金宝、金册的地方。清乾隆十四年（1749），高宗检阅库中积储，发现所藏画像多斑驳脱落，乃命工部将内府所藏的历代帝王后妃、圣贤名臣肖像重新装裱，详定次序，改贮于南薰殿中。事后高宗还亲制《南薰殿奉藏图像记》以志其事。所以这批画像被称作“南薰殿图像”。

除了这种立体花钿之外，宋代还出现了用高级香料制成的面花，宋人陈敬《陈氏香谱》中记录提炼龙脑香的方法时提到："取脑已净，其杉板谓之脑本，与锯屑同捣碎，和置瓷盆内，以笠覆之，封其缝，热灰煨煏，其气飞上，凝结而成块，谓之熟脑，可做面花、耳环、佩带等用。"书中还有"假蔷薇面花"的具体制作方法："甘松、檀香、零陵、丁香各一两，藿香叶、黄丹、白芷、香墨、茴香各一钱，脑麝为衣。右为细末，以熟蜜和拌，稀稠得所，随意脱花，用如常法。"把几种香料碾为细末，用蜜调成浓度合适的糊状，浇灌入准备好的花模子里，待干后从模中脱出，散发着馨香的面花就完成了。

元时花钿余韵未歇，元曲中随处可见其踪迹："我见他宜嗔宜喜春风面，偏宜贴翠花钿"（元·王实甫《西厢记》第一本第一折），"做一个符牌儿挑在鬓边，做一个面花儿铺翠缕金描，欢喜时粘在脸上。"（元·白朴《端正好·秋香亭上正欢浓》套曲）"花钿宜点翠眉尖，可喜脸，争忍立镜台前"（无名氏〔中吕·喜春来〕）……

浙江衢州横路宋墓出土金箔花钿

明代的妆容中，面饰好像还很是流行了一阵子。《金瓶梅》是写宋朝故事，但其作者为明人，因此他笔下形形色色女子的服饰妆容，都不可避免地大有明风，而她们的妆容里，总少不了“面花儿”。西门庆最宠爱的李瓶儿“粉面宜贴翠花钿”，与他私通的仆妇宋惠莲“额角上贴着飞金，三个香茶并面花儿”，妓女李桂姐“粉面上贴着三个翠面花儿”，春梅“花钿巧贴眉尖”，而女主角潘金莲更是“粉面颊上贴着三个翠面花，越显出粉面油头，朱唇皓齿”，为了邀宠，她妆扮成丫鬟，“把脸搽的雪白，抹的嘴唇儿鲜红，戴着两个金灯笼坠子，贴着三面花儿……”就是明代女性自己所作的诗词中也有“不贴翠花钿，懒易衣鲜”（明 · 王朗《浪淘沙 · 闺情》）的句子。

直到清代，花钿才渐渐从女人的梳妆台上消失了。

有一点需要说明，这花钿是用什么贴在面上的呢？宋孔平仲《孔氏谈苑》卷一载：“契丹鸭渌水牛鱼鳔，制为鱼形，妇人以缀面花。”宋叶廷珪《海录碎事 · 百工医技》中也说：“呵胶出辽中，可以羽箭，又宜妇人贴花钿，呵嘘随融，故谓之呵胶。”鱼鳔胶，或曰呵胶，就是古代女子用来粘贴花钿的主要材料了。这种胶，既然可以用来粘箭羽，其粘合力自然不弱。而且，它的使用也非常方便，所谓“呵”，即呵气，只要对之呵一口气，或用舌头轻舔，它便能溶解粘贴了，正是“呵花满翠鬟”（唐 · 温庭筠《菩萨蛮》）、“呵花贴鬓黏寒发”（唐 · 韩偓《密意》）了。

二

“谁将翡翠，闲屑黄金摅巧思。缀就花钿，飞上秋云入鬓蝉。　一枝斜倚，披拂香风多少意。午镜重匀，娇额妆成宫样新。”（宋 · 李处全《减字木兰花》）紧紧粘在女子肌肤上的、可以重复使用的花钿，与胭脂红粉等水洗即无痕的其他化妆品不同，透过它，仿佛能更贴近地看到一个女子的喜怒哀乐，能更长久一些地见证一个女子的命运。

面贴花钿的女子，或风姿绰约，“柘枝初出鼓声招，花钿罗衫耸细腰。移步锦靴空绰约，迎风绣帽动飘摇”（唐 · 章孝标《柘枝》）；或意态娇憨，“残妆色浅髻鬟开，笑映珠帘觑客来。推醉惟知弄花钿，潘郎不敢使人催”（唐 · 卢纶《古艳诗》）；或独抱浓愁，“酒意诗情谁与共，泪融残粉花钿重”（宋 · 李清照《蝶恋花》）；或不羁慵懒，“起来贪颠耍，只恁残却黛眉，不整花钿”（宋 · 柳永《促拍满路花》）；或活泼绽放，“新妆丽且鲜，越女斗婵娟。

飘风落红粉，溅水湿花钿”（明·蒋山卿《采菱曲》）；或惹人爱怜，“已爱盈盈翠袖，更堪小小花钿”（元·白朴《朝中措》）……

“当窗理云鬓，对镜贴花黄”，那个代父从军的女子，混迹在一群男人中，整整十二个寒暑，而能令大家“不知木兰是女郎”，言谈举止中，怕是自己都要忘记自己是女儿身了吧。当她终于回到家中，对着镜子贴上久违的花黄，那一刻，在金戈铁马血雨腥风中坚硬了的心仿佛一下子变得柔软，小女儿家的心思瞬间回归……

“尽出花钿与四邻，云鬟剪落厌残春。暂惊风烛难留世，便是莲花不染身。贝叶欲翻迷锦字，梵声初学误梁尘。从今艳色归空后，湘浦应无解珮人。”（唐·杨郇伯《送妓人出家》）自滚滚沙场回到闺房的木兰重新贴上了花黄，而这位厌倦了滚滚红尘的妓人则遁入空门，将昔日的一切与长长的黑发一并剪落，曾经展现万种风情的花钿也尽数散给了四邻。

“肌玉暗消衣带缓，泪珠斜透花钿侧。”（宋·文天祥《满江红》）前面提到的面戴珍珠花钿的宋徽宗和宋钦宗的两位皇后，她们生活在北宋末年。靖康二年（1127），金兵铁骑践踏中原，徽宗、钦宗均被俘北去，后妃以及诸王也一并被掳，是为史上有名的“靖康之难”。两位皇后在画中虽然珠围翠绕，雍容华贵，而彼时彼境，她们的心情其实又是怎样的呢？一百多年后，相同的历史再次上演，而这一次，偏安一隅的南宋王朝却再也没有了苟延残喘的机会，后宫昭仪王清惠跟随宋恭帝作为俘虏北上，在汴京驿壁上题下了一首《满江红》。后来，文天祥（1236—1283）偶然读到了，便写下了这首和词：

燕子楼中，又捱过、几番秋色。相思处、青年如梦，乘鸾仙阙。肌玉暗消衣带缓，泪珠斜透花钿侧。最无端、蕉影上窗纱，青灯歇。　曲池合，高台灭。人间事，何堪说。向南阳阡上，满襟清血。世态便如翻覆雨，妾身元是分明月。笑乐昌、一段好风流，菱花缺。

“泪珠斜透花钿侧”，是为王清惠写实，用来为北宋二后代言，也刚刚好。不过文天祥毕竟是“忠义贯日月”的爱国名臣，骨头里还是“人生自古谁无死，留取丹青照汉心”的正气。

“不知红药阑干曲，日暮何人落翠钿”（花蕊夫人《宫词》），虽然呵胶粘合力颇强，但花钿脱落的情况还是会常常出现，所以诗人笔下会有“月落乌啼云雨散，游童陌上拾花钿”（唐·刘禹锡《踏歌词》）、“明日重扶残醉，来寻陌上花钿”（宋·俞国宝《风入松》）的句子。而这掉落的花钿，正如落花一样，往往代表着女子被遗弃的命运，甚或是陨落的生命。

唐代女诗人张夫人，就曾经拾到了另一个女子韦氏的旧花钿，遂写诗寄赠云：“今朝妆阁前，拾得旧花钿。粉污痕犹在，尘侵色尚鲜。曾经纤手里，拈向翠眉边。能助千金笑，如何忍弃捐？”（《拾得韦氏花钿以诗寄赠》）

“六军不发无奈何，宛转蛾眉马前死。花钿委地无人收，翠翘金雀玉搔头。君王掩面救不得，回看血泪相和流。”（唐·白居易《长恨歌》）历史上，最悲凉惨烈的花钿故事莫过于杨贵妃之死了，曾经的三千宠爱在一身，曾经夜半无人长生殿内“在天愿作比翼鸟，在地愿为连理枝”的誓言，在千军万马厮杀逼宫时都变得毫无力量，她终于被缢死在马嵬坡下。那面上花钿、头上金钗是在什么时候散落一地？是听到他亲口说出赐死令时她忍不住的颤抖，还是在三尺白绫下无望的挣扎？今天已不得而知了，我们只知道，一句“花钿委地无人收”，便是这个女人最终的结局。

这“花钿委地”的意象带给后人的冲击力是那样强烈，所以诗人们笔下这一画面一再重现，一位宋代诗人为坠楼自尽的绿珠作词时，就写道：“轻裾飘向阑干角，花钿散地金钗落。”（宋·邓林《绿珠词》）很多年后，一个伤心的母亲，也写下了相似的句子，那是在她见到女儿遗物的时候，明王凤娴《悲感二女遗物》：“壁网蛛丝镜网尘，花钿委地不知春。伤心怕见呢喃燕，犹在雕梁觅主人。”她是解元王献吉之妹，宜春令张本嘉之妻，工文墨，有诗名。长女引元，字文姝；次女引庆，字媚姝，皆工翰藻，母女常自相唱和。只是这首诗，她的女儿却只能唱和于地下了……

妆楼记

唐·张泌

玉观音　有女子卸冠者，奉观音大士甚肃，比丘尼往往劝其修净土，云："当作观音观，观其法身，愈大愈妙。"自此夜恒梦见之，然甚小，若妇人钗头玉佛状。一日其夫寄一玉观音，类梦中所见，自是奉之益笃。

翡翠指环　何充妓于后阁以翡翠指环换刺绣笔，充知叹曰："此物洞仙与吾，欲保长年之好。"乃命苍头急以蜻蜓帽赎之。

粉指印青编　徐州张尚书妓女多涉猎，人有借其书者，往往粉指痕并印于青编。

待阙鸳鸯社　朱子春未婚，先开房室，帷帐甚丽，以待其事。旁人谓之"待阙鸳鸯社"。

钱龙宴　洛阳人有妓乐者，三月三日结钱为龙为帘，作"钱龙宴"。四围则撒真珠，厚盈数寸，以班螺命妓女酌之，仍各具数，得双者为吉，妓乃作双珠宴以劳主人。又各命作饧缓带，以一丸饧舒之，可长三尺者，赏金菱角，不能者罚酒。

油花卜　池阳上巳日，妇女以荠花点油，祝而洒之水中，若成龙凤花卉之状则吉，谓之"油花卜"。

桃花靧面　北齐卢士琛妻崔氏有才学，春日以桃花和雪与儿靧面，云：“取白雪，与儿洗面作光悦；取红花，与儿洗面作妍华。”

十眉图　明皇幸蜀，令画工作十眉图，横云、斜月皆其名。

丹脂　吴孙和悦邓夫人，尝置膝上，和弄水精如意，误伤夫人颊，血涔袴带。医者曰：“得白獭髓，杂玉与琥珀屑，当灭痕。”及瘥，有赤点，更益其妍。诸嬖人更以丹脂点颊以要宠。

蔷薇水　周显德五年，昆明国献蔷薇水十五瓶，云得自西域，以洒衣，衣敝而香不灭。

妖态　梁冀妻孙寿色美，善为妖态，作愁眉、啼妆、堕马髻、折腰步、龋齿笑，以为媚惑。

环榴台　吴王潘夫人以火齐指环挂石榴枝上，因其处台名曰“环榴台”。

漆画屐　延嘉中，京师长者皆着木屐。妇女始嫁，作漆画屐，五色采为系。

剪刀池　剪刀池，昔车胤读书于此，妇以女红佐之，落剪刀于此池。

半阳泉　半阳泉，世传织女送董子经此，董子思饮，舀此水与之，曰“寒”，织女因祝水令暖，又曰“热”，乃拔六英宝钗祝而画之，于是半寒半热，相和与饮。

香溪　明妃，姊归人，临水而居，恒于溪中盥手，溪水尽香。今名香溪。

以女名　黄姑，牛郎也；冯妇，勇士也，皆以女名。

待女　兰待女子同种则香，故名待女。

夜飞蝉　杜甫每朋友至，引见妻子。韦侍御见而退，使其妇送夜飞蝉，以助妆饰。

醉来妆　金陵子能作醉来妆。

黄昏散　孙真人黄昏散，夫妻反目，服之必和。

女奴　猫一名女奴。

不胜匕箸　飞燕骄逸，体微病，辄不自饮食，须帝持匕箸。

王母小女　太真夫人，王母小女也，讳婉罗。

晓霞妆　夜来初入魏宫，一夕文帝在灯下咏，以水晶七尺屏风障之，夜来至，不觉，面触屏上，伤处如晓霞将散，自是宫人俱用胭脂仿画，名晓霞妆。

金凤　除夕，梅妃与宫人戏镕黄金散泻入水中，视巧拙，以卜来年否泰。梅妃一泻得金凤一只，首尾足翅，无不悉备。

吉庆花　薛瑶英于七月七日令诸婢共剪轻彩，作连理花千余朵，以阳起石染之。当午，散于庭中，随风而上，遍空中，如五色云霞，久之方没。谓之“渡河吉庆花”，藉以乞巧。

猫名　张抟好猫，其一曰东守，二曰白凤，三曰紫英，四曰祛愤，五曰锦带，六曰云图，七曰万贯。皆价值数金，次者不可胜数。

女侍中 《北史》：后魏女侍中视二品。然本后宫嫔御之职。

赠芍药 芍药一名将离，故郑之士女取以相赠。

燕支 燕支染粉，为妇人色。故匈奴名妻阏氏，言可爱如燕支也。匈奴有《燕支山歌》曰："失我祁连山，使我六畜不繁息；失我阏氏山，使我妇女无颜色。"

妇女封侯 汉阴安侯，乃高帝兄伯妻，羹颉侯母，丘嫂也。樊伉母吕媭封临光侯。

西施毛嫱皆越女 《庄子》注："西施，夏姬也，勾践献吴。"又毛嫱，司马云"古美人"，一曰"越王美姬"。则二女皆越产矣。

斜红 斜红绕脸，盖古妆也。

红潮 红潮谓桃花癸水也，又名入月。王建诗："密奏君王知入月。"

雪衣女 广南进白鹦鹉，洞晓言辞，呼为"雪衣女"。一朝飞上妃镜台上，自云："雪衣女昨夜梦为鸷鸟所搏。"上令妃授以《多心经》，记诵精熟。

印臂 开元初，宫人被进御者日印选以绸缪，记印于臂上，文曰"风月常新"。印毕，渍以桂红膏，则水洗色不退。

作剪刀 姑囥戏作剪刀，以苜蓿根粉养之，裁衣则尽成墨界，不用人手而自行。

妇人之贵　苗夫人，其父太师，其舅张河东，其夫张延赏，其子弘靖，其婿韦皋。近代妇人之贵，无如此者。

嫂知音　于頔令客弹琴，其嫂知音，曰："三分中一分筝声，二分琵琶，全无琴韵。"

始影　女星旁一小星名"始影"。妇女于夏至夜候而祭之，得好颜色。

七岁女子　如意中，有七岁女子能诗，则天召见，令赋《送别兄弟》，云："别路云初起，离亭叶正飞。所嗟人异雁，不作一行归。"

愁眉　梁冀妇改翳翠眉为愁眉。

妇人卿婿　王安丰妇卿安丰，安丰曰："妇人卿婿，礼为不敬，后勿如之。"妇曰："亲爱卿，故卿卿，我不卿卿，谁复卿卿？"

绿珠井　绿珠井在白州双角山下，耆老云：汲此井者诞女多美丽。识者以美色无益，以巨石填之，迨后虽产女而七窍不完。

女表　羊缉之女佩在，母亡，不饮食三日而死，乡里号曰"女表"。

女宗　宋鲍苏之妻不妒，宋公表其闾曰"女宗"。

尼之始　汉听阳城侯刘俊等出家，僧之始也。又听洛阳妇阿潘等出家，尼之始也。

陈达妹　陈达妹才色甚美，发长七尺，石季龙以为夫人。

珠娘　越俗以珠为上宝，生女为珠娘，生男为珠儿。

善临写　刘秦妹善临写右军《兰亭》及《西安帖》，足夺真迹。秦亦当时翰林书人也。

书法　书法，蔡邕受于神人，而传崔瑗及女文姬，文姬传锺繇、卫夫人。

如平生　李行修丧妻，偶得稠桑老人以术见其妻，如平生。

寡妇莎　秦赵间有相思草，节节相续，又名断肠草、孀妇草、寡妇莎。

郁金　郁金，芳草也，染妇人衣最鲜明，然不奈日炙。染成衣则微有郁金之气。

盗写　女几，陈市上酒妇也。朱仲尝于会稽卖珠，一日仲以素书倚酒于女几家，几盗写学其术。

化蝶　坏裙化蝶。

相思子　相思子即红豆，赤如珊瑚，诗所谓“赠君频采摘，此物最相思”。

紫云娘　鲁敢遇仙女曰：“尝见紫云娘诵君佳句。”

四十九妻　彭祖丧四十九妻，五十四子。

木瓜粉　良人为渍木瓜粉，遮却红腮交午痕。

练行尼　孝文废皇后冯氏，真谨有节操，遂号“练行尼”。

女郎花　诗曰："木兰开遍女郎花。"

蘅芜香　汉武梦李夫人遗蘅芜香，觉而衣枕香，三月不歇。

作裙　敦煌俗，妇人作裙，挛缩如羊肠，用布一疋，皇甫隆禁改之。

锦袜　马嵬妪得锦袜一只，过客一玩百钱，前后获钱无数。

妒女泉　并州妒女泉，妇女靓妆彩服至其地，必兴云雨，一名是介推妹。

乡里　沈休文《山阴柳家女》诗云："还家问乡里，讵堪持作夫。"乡里，谓妻也。《南史·张彪传》呼妻为乡里，云："我不忍令乡里落他处。"

治家　崔枢夫人治家整肃，妇妾皆不许时世妆。

家法　房太尉家法，不着半臂。

并枕树　潘章夫妇死，葬，冢木交枝，号"并枕树"。

十指纤纤玉笋红

正值贾母和园中姊妹们说笑解闷，忽见凤姐带了一个标致小媳妇进来，忙觑着眼瞧，说：『这是谁家的孩子？好可怜见的。』凤姐上来笑道：『老祖宗倒细细的看看，好不好？』说着，忙拉二姐说：『这是太婆婆，快磕头。』二姐忙行了大礼，展拜起来。又指着众姊妹说：『这是某人某人，你先认了，太太瞧过了，再见礼。』……

正值贾母和园中姊妹们说笑解闷，忽见凤姐带了一个标致小媳妇进来，忙觑着眼瞧，说："这是谁家的孩子？好可怜见的。"凤姐上来笑道："老祖宗倒细细的看看，好不好？"说着，忙拉二姐说："这是太婆婆，快磕头。"二姐忙行了大礼，展拜起来。又指着众姊妹说："这是某人某人，你先认了，太太瞧过了，再见礼。"二姐听了，一一又从新故意的问过，垂头站在旁边。贾母上下瞧了一遍，因又笑问："你姓什么？今年十几了？"凤姐忙又笑说："老祖宗且别问，只说比我俊不俊。"贾母又戴了眼镜，命鸳鸯、琥珀："把那孩子拉过来，我瞧瞧肉皮儿。"众人都抿嘴儿笑着，只得推她上去。贾母细瞧了一遍，又命琥珀："拿出手来我瞧瞧。"鸳鸯又揭起裙子来。贾母瞧毕，摘下眼镜来，笑说道："更是个齐全孩子，我看比你俊些。"

清·孙温绘全本红楼梦
《弄小巧用借剑杀人　觉大限吞生金自逝》(局部)

这是《红楼梦》第六十九回《弄小巧用借剑杀人　觉大限吞生金自逝》中的一段。要说凤姐绝对是个“买得起好车，住得起好房，斗得了小三，打得过流氓”的新女性典范啊，人家会理财，懂投资，不用自己动一下手就将胆敢调戏她的贾瑞置于死地，这回遇到了丈夫贾琏养在外面的二奶——“标致小媳妇”尤二姐，她反倒礼数周到地将人带回家来，还特特地介绍到了贾母、王夫人面前，还要笑嘻嘻地问“比我俊不俊”。而老祖宗贾母也真不愧是年轻时比凤姐还“来得”的人精儿，虽然不认识尤二姐，但从凤姐的言语举止里已经猜出了尤二姐的身份，所以，她仔仔细细地“瞧了一遍”尤二姐，而且，瞧的方式非常有意思，“肉皮儿”、手、脚，一一看到。贾老太太当然是喜欢漂亮女孩儿的，但是，这种“瞧”的方式，她绝不会用在同样初次来到她面前的黛玉、宝钗、宝琴、李绮、岫烟等女孩儿身上，因为这种方式本身已经表明了被看者身份的低下，我们可以对比一下明朝人记载的相看“扬州瘦马”的方法：

至瘦马家，坐定，进茶，牙婆扶瘦马出，曰：“姑娘拜客。”下拜。曰：“姑娘往上走。”走。曰：“姑娘转身。”转身向明立，面出。曰：“姑娘借手睄睄。”尽褫其袂，手出、臂出、肤亦出。曰：“姑娘相公。”转眼偷觑，眼出。曰：“姑娘几岁？”曰几岁，声出。曰：“姑娘再走走。”以手拉其裙，趾出。然看趾有法，凡出门裙幅先响者，必大；高系其裙，人未出而趾先出者，必小。曰：“姑娘请回。”一人进，一人又出。看一家必五六人，咸如之。（明·张岱《陶庵梦忆·扬州瘦马》）

所谓“扬州瘦马”，是指明朝时候扬州一带出现的由人牙子（人贩子）从贫苦人家买来、经过漫长的专门培训调教、预备卖给官宦富商作小妾或卖入花街柳巷的女孩子，因这些女子以瘦为美，而且对人牙子来说，她们就像牲口一样被主人养大再卖掉获利，故此得名。虽然慈眉善目的老祖宗面带笑意，但她看尤二姐的方式与相看瘦马是否有些相似呢？

这里我无意去对尤二姐表示同情，“宁愿坐在宝马里哭，也不愿坐在单车后座上笑”，抛弃未婚夫而选择给家有娇妻（还是一个家世显赫事业有成手腕厉害的妒妻）的纨绔子弟贾琏作二奶，是她自己做出的选择，她也只能自己承担这种选择的结果；我也无意去对凤姐进行非议，相比懦弱的迎春逆来顺受、一味迁就丈夫对众多丫鬟的贪淫好色而最终葬送了自己的性命，凤姐为了捍卫自己的婚姻用一些手段似乎不应受到太多指责；况且真正压垮尤二姐的最后稻草，不是别人，正是有了新宠秋桐的琏二爷。我想说的其实只是一个小小的细节，无论是贾母还是相看瘦马者，除了面容之外，他们还关注了——手。

一

对一个女人来说，手真的是第二张脸，万万不可忽视。女性专家李渔，对此也有详细的解释：

相女子者，有简便诀云：“上看头，下看脚。”似二语可概通身矣。予怪其最要一着，全未提起。两手十指，为一生巧拙之关，百岁荣枯所系，相女者首重在此，何以略而去之？且无论手嫩者必聪，指尖者多慧，臂丰而腕厚者，必享珠围翠绕之荣；即以现在所需而论之，手以挥弦，使其指节累累，几类弯弓之决拾；手以品箫，如其臂形攘攘，几同伐竹之斧斤；抱枕携衾，观之兴索，振卮进酒，受者眉攒，亦大失开门见山之初着矣。故相手一节，为观人要着，寻花问柳者不可不知，然此道亦难言之矣。选人选足，每多窄窄金莲；观手观人，绝少纤纤玉指。是最易者足，而最难者手，十百之中，不能一二觏也。须知立法不可不严，至于行法，则不容不恕。

但于或嫩或柔或尖或细之中，取其一得，即可宽恕其他矣。《闲情偶寄·声容部·选姿第一·手足》

在他看来，女子的手，“为一生巧拙之关，百岁荣枯所系”，关系到女人一生的命运，而且弹琴吹箫、抱枕携衾、捧杯进酒，如果没有一双美手，都会使人大为扫兴。敦煌变文《丑女缘起》中形容世间稀有的丑女“十指纤纤如露柱，一双眼子似木槌离”，“露柱”，指旌表门第的立柱柱端的龙形部分，可见其手之粗陋，“纤纤”自是反语。

当然，中国古代文学中，更多的是对美手的描写。“手如柔荑，肤如凝脂”（《诗经·卫风·硕人》），这是春秋时期大美女庄姜的手，柔荑，朱熹集传解释说：“茅之始生曰荑，言柔而白也”，就是柔软而洁白的茅草嫩芽，可见手之柔嫩了。“延长颈，奋玉手，摛朱唇，曜皓齿”（楚·宋玉《笛赋》），洁白如玉，是战国时期宋玉笔下吹笛女子的手。“纤长似鸟爪”，是神话中仙子麻姑之手，传说她于东汉桓帝时曾应仙人王远（字方平）之召，降于蔡经家，手似鸟爪，纤长美丽，以至于蔡经居然心中起念曰：“背大痒时，得此爪以爬背，当佳。”叫人说什么好呢，这个蔡经委实不解风情，见到这样一个仙子，不心生敬意也就罢了，起点绮念也算正常的男人嘛，他却想到用这么美好的手挠痒痒上去了，真是对仙子、对美女的莫大侮辱啊。所以，“方平知经心中所念，使人鞭之，且曰：‘麻姑，神人也，汝何思谓爪可以爬背耶？’”“背痒莫念麻姑爪”

（宋·苏辙《赠吴子野道人》），果然该打。“指如削葱根”（《孔雀东南飞》）、“红酥手，黄縢酒，满城春色宫墙柳”（宋·陆游《钗头凤》），是两个命运相仿，因婆媳关系失和而被迫与丈夫分离的女子——刘兰芝与唐婉之手，“死生契阔，与子成说。执子之手，与子偕老”（《诗经·邶风·击鼓》），曾经，把自己的手交到他的大手中，满心欢喜，希望就这样相偕相挽，和他一起慢慢地变老，谁知道会有一天要被迫分离呢……“一握柔葱，香染料榴巾”（《点绛唇》）、“黄蜂频扑秋千索，有当时、纤手香凝”（《风入松》）、“还忆秋千玉葱手，红索倦将春去后”（《青玉案》）、“怅玉手、曾携乌纱，笑整风攲”（《采桑子慢》）、“风韵处，葱手香酥润，樱口脂侵”（《声声慢》）、“红牙润沾素手，听一曲清歌双雾鬟”（《新雁过妆楼》）、“念青丝牵恨，曾试纤指”（《解语花》）……这是宋代词人吴文英（1200?—1260?）念念不忘的情人之手，红颜早逝，曾经用过的手帕，

观书沉吟

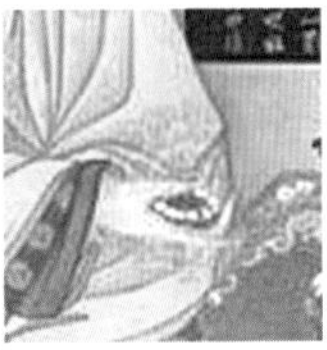

持表对菊

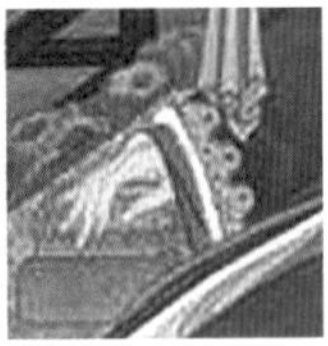

裘装对镜

《胤禛妃行乐图屏》十二幅，因中有雍正为皇子时所号“破尘居士”落款的条幅而得名。朱家溍先生据内务府雍正朝档案考证，这只是美人绢画十二张。此套图屏原贴于圆明园深柳读书堂围

桐荫品茶

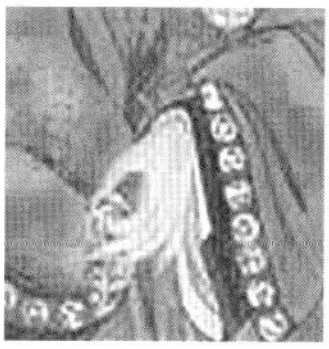

倚榻观雀

屏上，雍正十年（1732）八月间才传旨将其从屏风上拆下来，“着垫纸衬平，各配做卷杆”。因此，现代专家认为定名为《雍亲王题书堂深居图屏》更为恰当。图中的美女们，无不拥有一双纤纤玉手。

曾经握过的秋千索，曾经为他整理过的乌纱帽，曾经拍过的红牙板，她葱一样纤细柔嫩、玉一样洁白细腻的手是那样深、那样无处不在地烙在他的心中……

文人笔下的玉手是如此诗情画意，而对那些好色之徒来说呢：

> 刘三公子只道他（宝珠）有意了，骨头没有四两重，鬼张鬼致的做作一番，伸出硬铮铮的一只短而且秃的手，扯住宝珠尖松松的一只雪白粉嫩的手，在脸上擦一擦，还闻一闻，道："我送你一对金戒指罢。"宝珠急于要缩手，无奈刘三公子男人力大，缩不转来。刘三公子见他纤纤春笋，柔软如绵，心里火动，两腿一夹，将这只手握得死紧的，叫道："哎呀！算得春风一度！到底还是刘三公子称得起，是缘分不浅。"宝珠看他这种鬼形，有些懂得，粉面羞得通红。（清·吟梅山人《兰花梦奇传》第十四回《出神见鬼相府奇闻　嚼字咬文天生怪物》）

小说的女主人公松宝珠为天上兰花仙子降世，她天生丽质，文韬武略，自幼女扮男装，被父亲当作儿子培养长大，高中探花，倍受世人称羡。但男装遮不住的清丽绝伦的面容和纤纤玉手为她带来了麻烦，刘相国之子，纨裤子弟刘三公子此时尚不知她的真实性别，已经是神魂颠倒，拉拉小手就能"春风一度"了。

正是因为男人对女子的手如此看重，所以竟有利用美手作奸犯科之事，清代纪昀《阅微草堂笔记·如是我闻二》就记载了这样一个故事：

一南士以文章游公卿间，偶得一汉玉璜，则理莹白而血斑彻骨，尝用以镇纸。一日借寓某公家，方灯下构一文，闻窗隙有声，忽一手探入，疑为盗，取铁如意欲击，见其纤削如春葱，瑟缩而止。穴纸窃窥，乃一青面罗刹鬼，怖而仆地。比苏，则此璜已失矣。疑为狐媚幻形，不复追诘。后于市上偶见，询所从来，转辗经数主，竟不得其端绪。久乃知为某公家奴伪作鬼状所取。董曲江戏曰：渠知君是惜花御史，故敢露此柔荑。使遇我辈粗才，断不敢自取断腕。

书生灯下夜读，一只手突然从窗外探进来，伸向桌上当作镇纸的汉代玉璜（璜，玉器名。状如半璧，是古代朝聘、祭祀、丧葬时所用的礼器），书生的第一反应自然是遭遇了小偷，所以抓起一柄铁如意就向这只手打去，但是，且慢，铁如意并没有落下去，因为这只“纤削如春葱”的手实在太美了，令人忍不住浮想联翩：这只手的主人该是怎样的倾城国色？是否即将邂逅一场梦想中的聊斋艳遇？书生手里的铁如意缩了回来，他悄悄地撕开一点窗纸，没有希冀中的花容月貌，一只青面獠牙的鬼怪映入他的眼中！书生惊厥昏倒，醒来后玉璜不翼而飞。——他还是遭遇了小偷，一个熟知男人心理的小偷。

即使是天生的美丽的手，也离不开后天的精心呵护，所以今天我们有各式各样的护手霜、手膜。古代的时尚女性，对自己的双手也不含糊。

早在北魏贾思勰《齐民要术》“种红蓝花栀子”中就有“合手药法”：“取猪胰一具（摘去其脂），合蒿叶于好酒中痛挼，使汁甚滑。白桃仁二七枚（去黄皮，研碎，酒解，取其汁），以绵裹丁香、藿香、甘松香、橘核十颗（打碎），着胰汁中，仍浸置勿出，瓷瓶贮之。夜煮细糠汤净洗面，拭干，以药涂之，令手软滑，冬不皴。”至唐代，被后人尊为“药王”的孙思邈则说：“面脂手膏，衣香藻豆，仕人贵胜，皆是所要”。这里的手药、手膏，还有手脂，都是古代的护手霜。

实际上，古代女子对手的爱护也分成两步，第一步是洗，孙思邈《千金翼方》中记载的“面药”，所洗的不仅是面，还包括手，如卷五“妇人面药第五”：

> **令人面手白净澡豆方**：白鲜皮、白僵蚕、白附子、鹰矢白、白芷、芎䓖、白术、青木香（一方用藁本）、甘松香、白檀香、麝香、丁香各三两，桂心六两，瓜子一两（一方用土瓜根），杏仁三十枚（去皮尖），猪胰三具，白梅三七枚，冬瓜仁五合，鸡子白七枚，面三升。上二十味，先以猪胰和面，曝令干，然后合诸药捣筛为散，又和白豆屑二升，用洗手面。十日内色白如雪，二十日如凝脂（《千金》有枣三十枚，无桂心）。
>
> **又方**：麝香二分，猪胰两具，大豆黄卷一升五合，桃花一两，菟丝子三两，冬葵子五合（一云冬瓜子），白附子二两，

木兰皮三两，葳蕤二合，栀子花二两，苜蓿一两。上一十一味，以水浸猪胰三四度，易水，血色及浮脂尽，乃捣诸味为散，和令相得，曝，捣筛，以洗手面，面净光润而香。一方若无前件可得者，直取苜蓿香一升，土瓜根、商陆、青木香各一两，合捣为散，洗手面，大佳。

澡豆方：细辛半两，白术三分，栝蒌二枚，土瓜根三分，皂荚五挺（炙去皮子），商陆一两半，冬瓜仁半升，雀矢半合，菟丝子二合，猪胰一具（去脂），藁本、防风、白芒、白附子、茯苓、杏仁（去皮尖）、桃仁（去皮尖）各一两，豆末四升，面一升。上一十九味，捣细筛。以面浆煮猪胰一具令烂，取汁和散作饼子，曝之令干，更熟捣细罗之，以洗手面甚佳。

又方：丁香、沉香、青木香、桃花、钟乳粉、真珠、玉屑、蜀水花、木瓜花各三两，柰花、梨花、红莲花、李花、樱桃花、白蜀葵花、旋复花各四两，麝香一铢。上一十七味，捣诸花，别捣诸香，真珠、玉屑别研成粉，合和大豆末七合，研之千遍，密贮勿泻。常用洗手面作妆，一百日其面如玉，光净润泽，臭气粉滓皆除，咽喉臂膊皆用洗之，悉得如意。

洗过之后，再用手膏滋润美白，手膏的配方各式各样，唐代王焘的《外台秘要》第三十二卷中记载：

《千金翼》手膏方：桃仁、杏仁各二两（去皮），橘仁一合，赤匏十枚，辛夷仁、芎䓖、当归各一两，大枣二十枚，牛脑、羊脑、白狗脑各二两（无白狗各狗亦得）。上十一味捣，先以酒渍脑，又别以酒六升煮赤铯以上药，令沸，待冷，乃和诸脑等匀，然后碎辛夷等三味，以绵裹之，枣去皮核，合内酒中，以瓷器贮之，五日以后，先洗手讫，取涂手，甚光润，而忌火炙手。

备急作手脂法：猪胰一具，白芷、桃仁（去皮）、细辛各一两，辛夷、冬瓜仁、黄瓜蒌仁各二两（末），酒二升。上八味煮，白芷沸，去滓，膏成，以涂手面，光润妙。

宋代王怀隐、陈昭遇等编撰的《太平圣惠方》中也有这样几个手膏方：

手膏涂手令润泽方：白芷四两，芎䓖三两，藁本三两，葳蕤三两，冬瓜仁三两，楝子仁三两，桃仁一斤（汤浸去皮，研如膏），枣肉二十枚，猪胰四具（细切），冬瓜瓤四两，陈橘皮一两，栝蒌子三两。上件药细锉，以水八升，煮取三升，去滓，别以好酒三升，挼猪胰取汁，入研了桃仁，并前药汁都搅令匀，更煎成膏，以瓷器中贮。先净洗手，拭干涂之。

手膏令手润白方：桃仁二两（汤浸去皮），杏仁三两（汤浸去皮），橘子仁一合，赤铯十枚，辛夷一两，芎䓖一两，当归一两，大枣三十枚，牛脑一两，羊脑一两，狗脑一两。上件药细锉，先以酒一升渍诸脑，又是以酒六升煮赤铯令烂，绵裹绞去滓，乃入诸脑等，后以绵裹诸药纳酒中，慢火煎，欲成膏，绞去滓更煎，膏成，以瓷器盛之。五日后堪用。先净洗手讫，取膏涂之，甚光润。切忌近火。

手膏令手光润，冬不粗皴方：栝蒌瓤二两，杏仁一两（汤浸去皮）。上件药同研如膏，以蜜令稀稠得所，每夜涂手。

清代吴清源编撰的《女科切要》中的方子则比较简单，其卷八《附妇人修饰·面脂手膏》里提到：羊乳三斤，羊胰子三副，捣和，每夜洗面涂之，清早洗去。一月之后，手嫩面泽。

民国间汪翰编辑的《家庭宝鉴日用秘笈秘述海·闺阁助妆门》里也有感于“美人之手粗燥不润，亦极一大缺憾”，所以从《传家宝》中找到了一则“使燥手洁白莹润法”：

以杏仁、天花粉各一两、红枣十个、猪胰子三副（作全具）共捣如泥，入酒四钟，浸瓦罐内，晨抹之。一月后，皮肤光腻如玉。虽冬月亦不冻坼，洵不传之秘也。

好了，拥有了一双洁白莹润、纤柔细长的手之后，还有一个很重要的部分女人们可不会忘记——指甲。

二

曾经给辛弃疾做过幕僚的宋代词人刘过（1154—1206，号龙洲道人），有一首专门写美人指甲的《沁园春 · 美人指甲》：

销薄春冰，碾轻寒玉，渐长渐弯。见凤鞋泥污，偎人强别；龙涎香断，拨火轻翻。学抚瑶琴，时时欲翦，更掬水鱼鳞波底寒。纤柔处，试摘花香满。镂枣成斑。　时将粉泪偷弹。记绾玉曾教柳傅看。算恩情相著，搔便玉体，归期暗数，画遍阑干。每到相思，沈吟静处，斜倚朱唇皓齿间。风流甚，把仙郎暗掐，莫放春闲。

后来沈景高还有和作——《沁园春 · 和刘龙洲美人指甲》：

新脱鱼鳞，平分鹅管，爱勒眉弯。记掐恨香蕉，愁悰细说；划情嫩竹，怨曲新翻。才贴梅钿，旋挑铅粉，绣领重交犹道寒。娇无奈，笑轻拈杏带，浅揭湘斑。　宫棋也学偷弹，时绾就同心羞自看。解传杯频赌，藏阄罗袖；归鞭重数，刻印阑干。

暗解绡囊，倦调瑶瑟，喂蕊莺儿绣阁间。凝情处，把瓜犀漫剥，消遣春闲。

在这里，他们描绘了美人如同春冰寒玉、鱼鳞鹅管一样晶莹剔透的长指甲，她用这长长的指甲摘花刻竹、逗鱼喂莺、抚琴弹棋、挑粉拈带，当然有时也娇嗔地轻掐心上人，提醒他“花开堪折直须折，莫待无花空折枝”（《金缕衣》）……

如果这个女子没有这么美丽的指甲呢，“蒸不烂煮不熟捶不匾炒不爆响珰珰一粒铜豌豆”、“普天下的郎君领袖，盖世界浪子班头”（《南吕一枝花 · 不伏老》）的关汉卿（约1220—约1300）也有散曲一首：

十指如枯笋，和袖捧金樽；杀银筝字不真，揉痒天生钝。纵有相思泪痕，索把拳头揾。（《仙吕 · 醉扶归 · 秃指甲》）

可怜的女孩，因为一双指甲秃秃、形如枯笋的手，捧酒杯都不敢露出来，弹筝挠痒不用说了，连有了相思泪，也只能用“拳头揾”！

所以，美甲首先就需要蓄甲。宋元时期不说，唐顾况《宜城放琴客歌》：“头髻鬖髿手爪长，善抚琴瑟有文章”，至少此时已经有蓄长指甲的习惯了。明清之时蓄甲之风愈烈，年轻女子的指甲能长至寸许，有的甚至更长。明凌濛初《二刻拍案惊奇》卷九《莽儿郎惊散新莺燕　㑳梅香认合玉蟾蜍》中，秀才凤来仪与邻家美女杨素梅两情相悦，私订终身，演绎了一段西厢故事，只是二人正准备悄悄在书房中成就好事之时，不做美的窦氏兄弟硬要扯风生去看月吃酒，凤生无奈出门，素梅便想回去，“去拽那门时，谁想是外边搭住了的。狠性子一拽，早把两三个长指甲一齐蹴断了”，一场风流艳事也险些就此夭折。

“明窗弄玉指，指甲如水晶。剪之特寄郎，聊当携手行。”（唐·晁采《子夜歌》）剪指甲、青丝等送给情郎，一向是中国古代女子表达自己情感的特有方式。《红楼梦》里，当贾琏因女儿“出花儿”与凤姐分房一段时间之后，复搬回卧室，平儿为他收拾在外的铺盖，凤姐就提醒道：“不少就好，只是别多出来罢。……这半个月难保干净，或者有相厚的丢下的东西，戒指、汗巾、香袋儿，再至于头发、指甲，都是东西。”而平儿确实从他的枕套中抖出一绺青丝来，倒是没发现指甲。

而《红楼梦》第七十七回《俏丫鬟抱屈夭风流　美优伶斩情归水月》则浓墨渲染了一段指甲情缘。在这一回里，王夫人要对大观园进行治理整顿，晴雯被带病遣回家中，宝玉好不容易找到机会上门探望：

> 宝玉拉着她的手，只觉瘦如枯柴，腕上犹戴着四个银镯，因泣道：“且卸下这个来，等好了再戴上罢。”因与她卸下来，塞在枕下。又说：“可惜这两个指甲，好容易长了二寸长，这一病好了，又损好些。”晴雯拭泪，就伸手取了剪刀，将左指上两根葱管一般的指甲齐根铰下，又伸手向被内，将贴身穿著的一件旧红绫袄脱下，并指甲都与宝玉道：“这个

你收了，以后就如见我一般。快把你的袄儿脱下来我穿。我将来在棺材里独自躺着，也就像还在怡红院一样了。论理不该如此，只是担了虚名，我可也是无可如何了。”宝玉听说，忙宽衣换上，藏了指甲。晴雯又哭道：“回去她们看见了要问，不必撒谎，就说是我的。既担了虚名，越性如此，也不过这样了。”

这里的晴雯令人觉得格外凄楚，她可以剪断指甲，却怎样剪断离愁呢——在宝玉，也许还以为只是一次生离；在她，已经清清楚楚地知道即将面临死别了。曾经以为，只要这个少年将她放在心上，就能像他说的那样厮守到老，却不知道，他的感情是最没有力量的东西，保护不了任何人，成就不了任何事！

立持如意

如果说晴雯的指甲尚属杜撰，清陈裴之《香畹楼忆语》记其妾紫姬弥留之际的

《雍亲王题书堂深居图屏》之
博古幽思中晶莹剔透的长指甲

情状，则是纪实了：

姬发长委地，光可鉴人。指爪长数寸，最自珍惜，每有操作，必以金弧（金甲套）护之。弥留之际，郑媪为理遗发，令勿轻弃。更倩闰湘尽剪长爪，并藏翠桃香盒中。闰湘曰："留以遗公子耶？"含泪点首者再。

从《香畹楼忆语》后文提到的昭云夫人篆书林颦卿（即林黛玉）《葬花诗》来看，陈裴之于《红楼梦》可谓熟矣。两段指甲情缘并读，更堪回味。

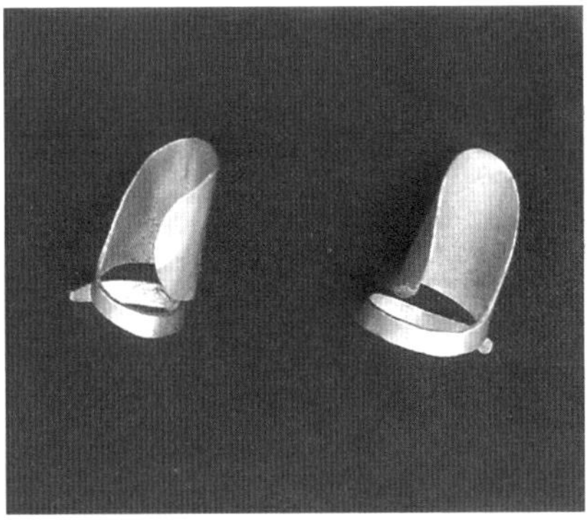

吉林榆树大坡老河深汉墓出土的金护指

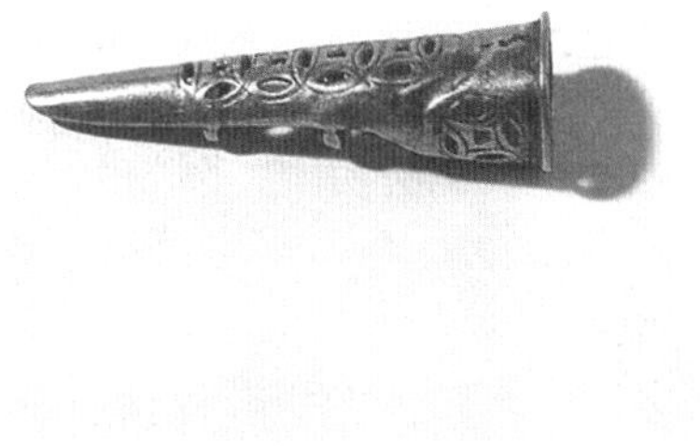

江苏扬州清墓出土的金錾古钱纹护指

保不了情，保不住命，但至少女人们可以想办法保护自己的指甲，就是像穿盔甲一样，为指甲穿上金属质地的护指。

早在汉代就已经有护指了，吉林榆树大坡老河深汉墓出土的金护指证明了这一点。它是由非常薄的金片卷曲成指甲的形状，尾部留出一个细长条，弯曲成螺旋状。使用时可以根据手指的粗细进行调节，非常简便实用。

随着女人们指甲越留越长，护指的形状也在变化，到了清代，各种镶金嵌银，精工考究的护指已经成为一种重要的手部饰物。根据质材，护指可以分为金护指、银护指、玉护指等，长短三寸四寸不一，但形状大体相仿，多细长而略弯，由粗渐细成细长锥形。表面工艺复杂，镂刻、点翠、嵌珠等都有使用，其花纹有古钱、花卉、文字（比如“喜”“寿”）等。一般是镂空的,这样既富美感，又可减轻重量（虽然戴这个东西的女人肯定不需要劳作，可太重了也累啊）。

这种装饰华美、细长的护指戴上后，手指显得纤细修长，所以风行一时。垂帘听政的慈禧太后就非常喜欢戴护指，《清宫二年记》中说她“右手罩以金护指，长约三寸，左手两佛，罩以玉护指，长短与右手同”，故宫所藏慈禧写真像即是如此。此外，据说这位老佛爷对指甲的护理也有独家秘术：

养这样长的指甲非常不容易，每天晚上临睡前要洗、浸，有时要校正。冬天指甲脆，更要加意保护。司沐的宫女留下两个，给太后洗完脸、浸完手和臂以后，就要为她刷洗和浸泡指甲了。用圆圆的比茶杯大一点的玉碗盛上热水，挨着次序先把指甲泡软，校正直了（因为长指甲爱弯），不端正的地方用小锉锉端正，再用小刷子把指甲里外刷一遍，然后用翎子管吸上指甲油涂抹均匀了，最后给戴上黄绫子做的指甲套。这些指甲套都是按照手指的粗细，指甲的长短精心做的，

故宫博物馆藏慈禧画像

> 可以说都是艺术品。老太后自己有一个小盒，保存一套专门修理指甲的工具：小刀、小剪、小锉、小刷子，还有长钩针、翎子管、田螺盒式的指甲油瓶，一律白银色，据说都是外国进贡的。指甲又分为片指甲和筒指甲，大拇指属片指甲，修大拇指时要修成马蜂肚子形，片大好看。无名指、小手指属筒指甲，要修成半圆形的筒子形。指甲讲厚、硬、亮、韧，这是身体健壮的表现。就怕指甲变质，起黄癍，若有迹象就要用药治了。老太后有专盛指甲的匣，对剪下的指甲非常珍惜。(金易、沈义羚《宫女谈往录》)

整个护理过程与现代的美甲护理非常相似，精致程度则有过之而无不及了。需要说明的是，慈禧所用“指甲油”，是指甲滋养油，类似今天美甲时我们先要涂一层的护理底油，而并非彩色甲油。

但是，在蓄甲、护甲之外，中国古代女子染甲之风也源远流长呢，只是她们所用的材料比现在那些缤纷妖娆却总有些气味刺激的化学甲油要环保得多，也诗情画意得多了。

“金凤花开色更鲜，佳人染得指头丹。弹筝乱落桃花瓣，把酒轻浮玳瑁斑。拂镜火星流夜月，画眉红雨过春山。有时漫托香腮想，疑是胭脂点玉颜。”（元 · 杨维桢《美人红指甲》）弹琴时十指翻飞，如同桃花瓣落片片纷纷；手捧酒杯，仿佛玳瑁杯上的斑点；拂镜时好像火色流星划过镜面，画眉时犹如红雨飘过春山；斜托香腮，咦，莫非是脸上沾上了点点胭脂？这就是元代诗人杨维桢对美女娇艳的红指甲的描写。

唐宇文氏《妆台记》云："妇人染指甲用红。按《事物考》：杨贵妃生而手足爪甲红，谓白鹤精也，宫中效之。"染甲之风是否肇自宫女们对偶像杨贵妃的模仿，尚需考证。但是唐代诗人张祜已有"十指纤纤玉笋红，雁行轻遏翠弦中"(《听筝》)、"一管妙清商，纤红玉指长"(《觱篥》)的句子，说明唐代女子确实已有染甲之举。相传是唐代郑奎之妻所做《秋日》诗则说得更明白，"洞箫一曲是谁家，河汉西流月半斜。俗染纤纤红指甲，金盆夜捣凤仙花。"她还说到了古代女子染甲最主要的染料——凤仙花。《花史》载："李玉英，秋日采凤仙花染指甲；后于月夜调弦，或比之落花流水。"传说一个叫李玉英的女子发现了用凤仙花染指甲的方法，清冷的月色下，玉手红甲轻轻拨动琴弦，宛若落花流水，

凤仙花

的是韵人韵事。

凤仙花又名“好女儿花”，有时又直接呼为“染指甲草”。根据李时珍《本草纲目》等书的记载，凤仙花开之后，取其花、叶，放在钵里反复捶捣使碎，然后加入少量明矾，就可以用来染指甲了。其实，除凤仙花外，还有一种染指甲的植物叫做指甲花（凤仙花也被叫做“指甲花”，但两者并不相同）。李时珍《本草纲目》清楚地解释道：“指甲花，有黄白二色，夏月开，香似木犀，可染指甲，过于凤仙花。”清代李调元辑《南越笔记》中也说：“指甲花，似木犀，细而正黄，多须，一花数出，甚香，粤女以其叶兼矾石少许染指甲，红艳夺目，唐诗‘弹筝乱落桃花片’谓此。一种金凤花，亦可染，名指甲桃，叶小如豆，花四瓣，层层相对。一干辄有二种花，一深红，一黄边红腹，其蕊大者为凤头，小者凤尾，尾修长缕缕，又有两翅，粤女多象之作钗。二三月时栽之，与指甲花为一丛，儿童向街头卖者，多此二花。”

唐代之后，染甲之风一直长盛不衰，宋代周密《癸辛杂识·金凤染甲》条记载了用凤仙花染甲的具体做法：“凤仙花红者用叶捣碎，入明矾少许在内，先洗净指甲，然后以此付甲上，用片帛缠定过夜。初染色淡，连染三五次，其色若胭脂，洗涤不去，可经旬，直至退甲，方渐去之。或云此守宫之法，非也。今回回妇人多喜此，或以染手并猫狗为戏。”女子们对染甲的爱好是如此强烈，尤其是回族的女孩子，她们甚至连身边的小猫小狗也不放过，统统给它们染成红通通的小爪子！

元代不用说了，杨维桢笔下的女子都有美丽的红指甲："金盘和露捣仙葩，解使纤纤玉有瑕。一点愁疑鹦鹉喙，十分春上牡丹芽。娇弹粉泪抛红豆，戏掐花枝缕绛霞。女伴相逢频借问，几番错认守宫砂。"（《凤仙花》），凌云翰《凤凰台上忆吹箫箫·赋凤仙花》有"疑把守宫同捣，端可爱、深染春葱"，陆琇卿《醉花阴》则说："曲阑凤子花开后，捣入金盆瘦。银甲暂教除，染上春纤，一夜深红透。　　绛点轻襦笼翠袖，数颗相思豆。晓起试新妆，画到眉弯，红雨春心逗。"

"朱弦初障黄蜂蜡，弹破桃花红指甲。"（明·赵宜生《追次杨铁崖题顾仲瑛玉山草堂春夜乐韵》），明代的女性依然爱好红指甲。

"夜听金盆捣凤仙，纤纤指甲染红鲜。投针巧验鸳鸯水，绣阁秋风又一年"（清·袁景澜《凤仙花》），染甲后来还逐渐由时尚演化成了一种风俗。清代朱象贤《闻见偶录》中说："七夕，妇女采凤仙花捣染指甲，红如琥珀可爱。"袁景澜《吴郡岁华纪丽》中也记载了江南闺中女子七夕之时染甲的习俗，说是"吴俗，闺房中七月间，盛行染指甲之俗，多染无名指及小指尖，谓之红指甲"。而且，这种红指甲还有一个神奇的功效，"相传留至明春元旦，老年人阅之，令目不昏"，想来是那般娇艳明媚的颜色，能令昏花的老眼也为之一亮吧。

染甲之风也像许多中华文化一样流传到了海外，《韩国诗话·别本东人诗话》就记录了这样一则故事：洪锡箕诗才敏捷，有一次去金昇平府上拜访，主人命丫儿（侍女）进杯，“洪执杯注目”，主人问：“何为熟视？”答曰：“儿指染红极艳故耳。”主人遂请他以《染指》为题赋诗，洪即对曰：“凤穴仙花血色丹，佳人染得指尖端。擎盘却似绯桃扑，撚笛还疑泪竹斑。拂镜火星流夜月，画眉红雨过春山。懒凭栏曲支香颊，错认胭脂点玉颜。”于是主人大加赞赏，“遂命儿往侍”。一首诗换得一名美女，真是好买卖。只是，瞧出来了吗？此诗与前面提到的杨维桢之作长得好像啊。

> 步桐阴苔砌，凤子舒英，殷痕狼藉。玉盒盛来，向银盆碎屑。漫捣元霜，似敲素练，酿出胭脂液，点点轻濡纤纤频染，珊瑚晕赤。　　日午琵琶，夜深弦索，流水声中，小红飞积。莫笑妆浓，胜绿眉黄额。腻粉偷匀，香腮斜托，花片鱼鳞迹，臂上守宫，袖边绒唾，一般怜惜。（清·叶寻源《醉蓬莱》）

有时候，细细描画、精心绘制的妆容，也不及纤纤玉指上的那抹小小的红呢。

艳体连珠（节选）

清 · 叶小鸾

发

盖闻光可鉴人，谅非兰膏所泽；髻余绕匝，岂由脂沐而然？故艳陆离些，曼鬋称矣；不屑髢也，如云美焉。是以琼树之轻蝉，终擅魏主之宠；蜀女之委地，能回桓妇之怜。

眉

盖闻吴国佳人，簇黛由来自美；梁家妖艳，愁妆未是天然。故独写春山，入锦江而望远；双描斜月，对宝镜而增妍。是以楚女称其翠羽，陈王赋其联娟。

目

盖闻含娇起艳，乍微略而遗光；流视扬清，若将澜而讵滴。故李称绝世，一顾倾城；杨著回波，六宫无色。是以咏曼睩于楚臣，赋美盼于卫国。

唇

盖闻菡萏生华，无烦的绛；樱桃比艳，岂待加殷。故袅袅余歌，动清声而红绽；盈盈欲语，露皓齿而丹分。是以兰气难同，妙传神女之赋；凝朱不异，独著捣素之文。

手

盖闻似春笋之初萌，映齐纨而无别；如秋兰之始茁，傍荆璧而生疑。故陌上采桑，金环时露；机中识素，罗袖恒持。是以秀若裁冰，抚瑶琴而上下；纤如削月，按玉管而参差。

腰

盖闻玉佩翩珊，恍若随风欲折；舞裙旖旎，乍疑飘雪余香。故江女来游，逞罗衣之宜窄；明妃去国，嗟绣带之偏长。是以楚殿争纤，最怜巫峡；汉宫竞细，独让昭阳。

足

盖闻步步生莲，曳长裙而难见；纤纤玉趾，印芳尘而乍留。故素縠蹁跹，恒如新月；轻罗婉约，半蹙琼钩。是以遗袜马嵬，明皇增悼；凌波洛浦，子建生愁。

全身

盖闻影落池中，波惊容之如画；步来帘下，春讶花之不芳。故秀色堪餐，非铅华之可饰；愁容益倩，岂粉泽之能妆？是以容晕双颐，笑生媚靥；梅飘五出，艳发含章。

余响

晓日穿隙明，开帷理妆点。

傅粉贵重重，施朱怜冉冉。

柔鬟背额垂，丛鬓随钗敛。

凝翠晕蛾眉，轻红拂花脸。

满头行小梳，当面施圆靥。

最恨落花时，妆成独披掩。（唐·元稹《恨妆成》）

行文至此，一个从头到脚，妆容精致得无可挑剔的女子已经亭亭玉立在那里了。然而这样精致的容颜，却掩不住她的寂寞，“最恨落花时，妆成独披掩”，在诗人眼中、心里，终究还是一句“女为悦己者容”吧。

“脂田粉碓随桑海，一箱留得春风在。”（清·郭麐《明宫人脂粉箱为渊北赋》）隔了千年遥望，脂粉或有余香，那些有着无瑕妆容的女子，都已湮灭在岁月中，正如每个时尚，都必将成为

清·余集《落花人独立图》

历史。

最后，想以东汉·蔡邕的《女训》的几句话来为本书结尾，无论不同时代的人们怎样去解读、利用此文，在我看来，这里有一位父亲对自己的掌上明珠最深切的告诫：

心犹首面也，是以甚致饰焉。面一旦不修饰，则尘垢秽之；心一朝不思善，则邪恶入之。咸知饰其面，不修其心。夫面之不饰，愚者谓之丑；心之不修，贤者谓之恶。愚者谓之丑犹可，贤者谓之恶，将何容焉？故览照拭面，则思其心之洁也；傅脂则思其心之和也；加粉则思其心之鲜也；泽发则思其心之顺也；用栉则思其心之理也；立髻则思其心之正也；摄鬓则思其心之整也。

身为一个男人，他自然非常清楚妆饰对女人的重要；但是，身为一名父亲，他更希望自己最珍爱的女儿不仅修容，更能修心，希望女儿无论何时何地何种境遇，都能使自己的心保持纯洁平和、鲜活生动、公正明理，尤其是，完整独立。

因为，胭脂和红粉会褪色，青春的容颜会变老，爱过的人可能会离你而去，而无论身处何地，一片独立的、美好的心灵花园，却会永远属于自己。

参考书目

《中国历代妇女妆饰》，周汛、高春明著，学林出版社，三联书店（香港）有限公司 1997 年版。

《中国服饰名物考》，高春明著，上海文化出版社 2001 年版。

《中国化妆史概说》，李秀莲著，中国纺织出版社 2000 年版。

《中国历代妆饰》，李芽著，中国纺织出版社 2004 年版。

《中国古代妆容配方》，李芽著，中国中医药出版社 2008 年版。

《女性化妆史话》，刘悦著，天津百花文艺出版社 2005 年版。

《历代化妆美容秘方》，冯世伦著，山西经济出版社 1993 年版。

《中国宫廷秘传美容术》，郑磊著，中国建材工业出版 1993 年版。

《后妃美容术》，陆燕贞著，中央民族大学出版 1994 年版。

《古诗文名物新证》，扬之水著，紫禁城出版社 2004 年版。

《诗经名物新证》，扬之水著，北京古籍出版社 2000 年版。

《潘金莲的发型》，孟晖，江苏人民出版社 2005 年版。

《贵妃的红汗》，孟晖，南京大学出版社 2011 年版。

《画堂香事》，孟晖，南京大学出版社 2012 年版。

《红妆：女性的古典》，吴凌云著，中华书局 2005 年版。

花想容

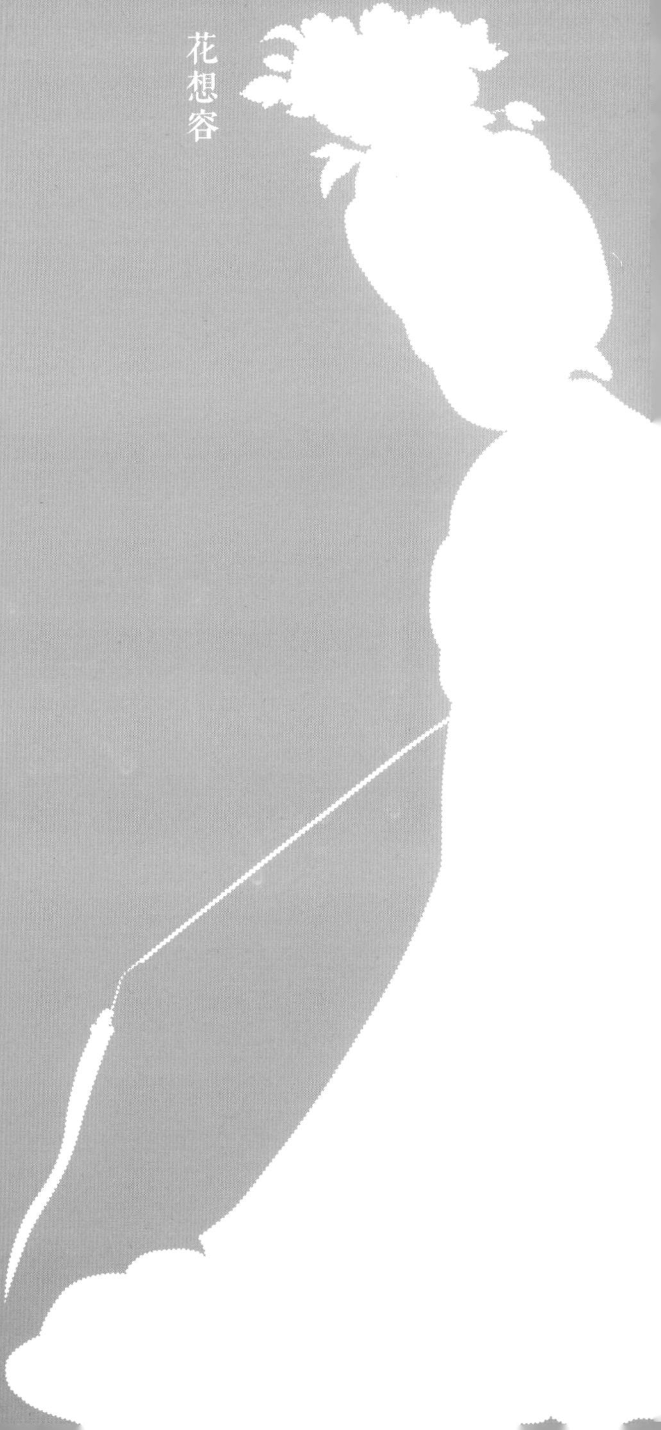

湮没的时尚